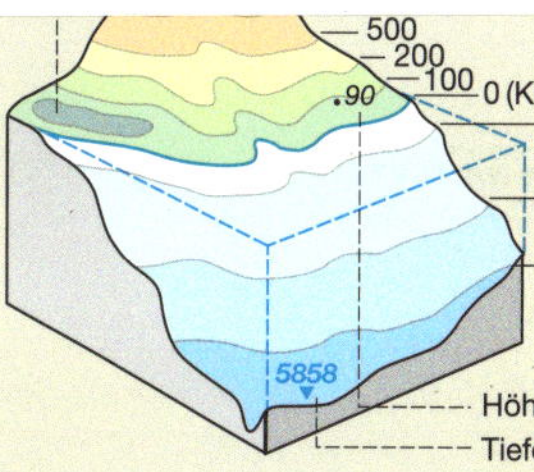

Gewässer

- Fluss
- Kanal
- See
- Sumpf, Moor

Ballungsraum

Einwohner

- über 10 000 000
- 3 000 000 - 10 000 000
- 1 000 000 - 3 000 000

0 200 400 600 km

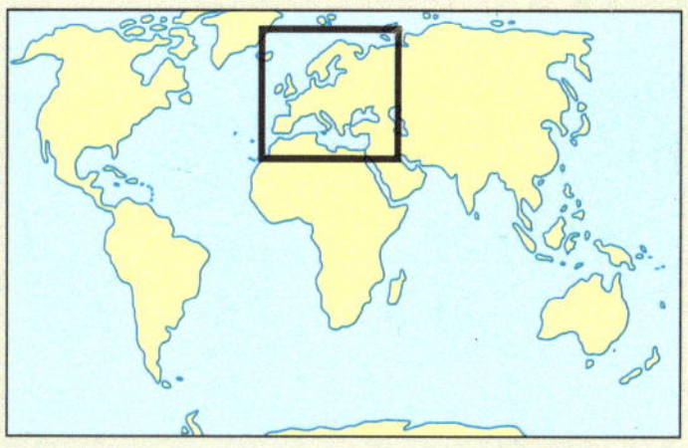

9737E_2

Heimat und Welt Geographie

für Sachsen-Anhalt

Schuljahrgang 6
Sekundarschule

Moderatorinnen
Notburga Protze
Margit Colditz

Autorinnen/Beraterinnen
Margit Colditz
Evelyn Dieckmann
Heike Köppe
Anne-Kathrin Lindau
Notburga Protze
Ines Schmidt

westermann

Einbandfoto: Tower Bridge in London/Großbritannien

Das ist im Buch enthalten

Geofix begleitet dich bei der Kompetenzentwicklung.

METHODE	Hier erhältst du Hinweise, wie du schrittweise Erkenntnisse gewinnen kannst.
Info	Hier erhältst du Zusatzinformationen und Begriffserläuterungen.
Hochgebirge	Fachbegriffe sind im Text blau hervorgehoben. Sie werden im Minilexikon erklärt.
www	Unter diesen Internetadressen findest du zusätzliche Informationen.
Bio	Hier wirst du auf fächerübergreifendes Arbeiten hingewiesen.
ALLES KLAR	Hier kannst du dein Wissen und deine Kompetenzen überprüfen.
	Im Arbeitsheft kannst du üben, wiederholen und anwenden.

Westermann Schroedel Diesterweg Schöningh Winklers GmbH, Braunschweig
www.westermann.de

Druck A^{2} / Jahr 2012
Alle Drucke der Serie A sind im Unterricht parallel verwendbar.

Lektorat: Thomas Eck
Bildredaktion: Susanne Guse
Layout und Herstellung: Lektoratsbüro Eck, Yvonne Behnke
Druck und Bindung: westermann druck GmbH, Braunschweig

ISBN 978-3-14-**144586**-2

Inhaltsverzeichnis

Einen Kontinent themenorientiert analysieren: Europa 6

Europas Vielfalt 8

Oberflächengestalt und Gewässer 14

Klima und Vegetation 18

METHODE Ein Klimadiagramm lesen 20

METHODE Eine Kartenskizze anfertigen 24

ALLES KLAR Gewusst – gekonnt 25

Entstehung und Nutzung von Landschaften 26

Landschaften – vom Eis geprägt 28

Im eiszeitlichen Abtragungsgebiet 30

Leben und Wirtschaften in Nordeuropa 32

Im eiszeitlichen Ablagerungsgebiet 36

Vielfältige Nutzung 38

METHODE Sich auf eine Reise vorbereiten 42

ALLES KLAR Gewusst – gekonnt 43

Hochgebirgslandschaft Alpen 44

Die Alpen – ein Gebirge aus dem Meer 46

Von Gletschern überformt 48

Leben und Wirtschaften in den Alpen 50

Naturraum in Gefahr 56

METHODE Eine erdgeschichtliche Zeittafel lesen 58

ALLES KLAR Gewusst – gekonnt 59

Inhaltsverzeichnis

Industrieräume in Europa 60

Verdichtungsräume in Europa 62
Europa – dicht besiedelt 70
METHODE Eine Bevölkerungskarte lesen 71
Metropolen Europas 72
Europa wächst zusammen 78
METHODE Eine Mind-Map anfertigen 82
ALLES KLAR Gewusst – gekonnt 83

In der subtropischen Zone 84

Klima und Vegetation 86
Landwirtschaftliche Nutzung 90
METHODE Arbeit mit Handstücken 95
Unruhiger Mittelmeerraum 96
Urlaub unter südlicher Sonne 98
METHODE Einfache Zusammenhänge herstellen 102
ALLES KLAR Gewusst – gekonnt 103

Ausgewählte Länder Europas 104

METHODE Ein Land unter einer Fragestellung analysieren 106

Republik Island 108

Königreich der Niederlande 112

Ungarn 116

Republik Polen 120

METHODE Ein Plakat anfertigen 124

ALLES KLAR Gewusst – gekonnt 125

Anhang 126

Minilexikon 126

Quellenverzeichnis 128

Einen Kontinent themenorientiert analysieren:

Europa

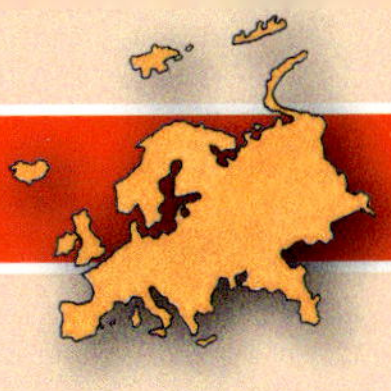

Europas Vielfalt 8
Oberflächengestalt und Gewässer 14
Klima und Vegetation 18
Ein Klimadiagramm lesen 20 METHODE
Eine Kartenskizze anfertigen 24 METHODE
Gewusst – gekonnt 25 ALLES KLAR

- den Kontinent Europa in seiner geographischen und kulturellen Vielfalt beschreiben,
- den Zusammenhang zwischen Klima und Vegetation in Europa aufzeigen,
- Klimadiagramme lesen und eine Kartenskizze anfertigen.

M1 Unterwegs in Europa

Europas Vielfalt

Kontinent	Fläche Mio. km²	Bevölkerung Mio. (2009)
Europa	10	732
Asien	44	4 121
Afrika	30	1 010
Nordamerika	24	348
Südamerika	18	582
Australien	9	35
Antarktika	13	–

M1 Kontinente im Vergleich

Aufgabe

1 **Fertige eine Mental Map zu Europa an.**

Der Name Europa soll vom Wort „ereb" (= „dunkel" im Sinn von „Land der untergehenden Sonne") abgeleitet sein. Die Phönizier, ein Seefahrervolk, bezeichneten so die Westküste des Ägäischen Meeres. Die Ostküste dagegen nannten sie „asu" („Land der aufgehenden Sonne"). Später verwendeten die Griechen die Begriffe auch für die angrenzenden Festländer. Aus „ereb" wurde Europa, aus „asu" Asien. Es gibt aber noch andere Deutungen des Namens Europa. Eine davon geht auf eine griechische Sage zurück (M2).

Heute verwendet man das Wort Europa in vielen Sinnzusammenhängen: Europameisterschaft, Europapokal, Eurotunnel, … .

Darin kommt auch der Gedanke eines vereinten Europas zum Ausdruck. Zwischen den Staaten der Europäischen Union sind die trennenden Schlagbäume schon gefallen. Andere Staaten Europas wollen sich dieser Gemeinschaft anschließen.

Überall ist den Menschen klar, dass man die Gegenwartsprobleme nur miteinander lösen kann. Ihre Eigenart und Kultur aber können die Völker in einem vereinten Europa beibehalten. Bis sich aber alle Bewohner als Europäer fühlen, wird sicher noch ein längerer Zeitraum vergehen.

M2 Europasage

M3 Grenzpunkte Europas

Europas Begrenzung und Gliederung

Der Kontinent Europa liegt auf der nördlichen Halbkugel. Will man seine Begrenzungen angeben, fällt das besonders im Osten schwer. Warum? Die Kontinente der Erde sind meist von Ozeanen oder Meeren umgeben und deutlich als Landmasse abgegrenzt. Diese Merkmale treffen für Europa im Westen, Norden und Süden zu. Hier umspülen der Atlantische Ozean, das Nordpolarmeer und das Mittelmeer den Erdteil.

Im Osten geht Europa direkt in den Kontinent Asien über. Als Grenze zwischen beiden Erdteilen gilt traditionell die Linie: Uralgebirge, Uralfluss, Nordufer des Kaspischen Meeres, Manytschniederung, Schwarzes Meer, Ägäisches Meer. Diese Abgrenzung geht auf den Schweden Philip Johan von Strahlenberg (1676 bis 1747) zurück. Der russische Zar hatte ihn mit der Landvermessung beauftragt. Von Strahlenberg legte das Uralgebirge als Grenze zwischen Europa und Asien fest.

Die Meere um Europa reichen weit in das Festland hinein. Deshalb weist der Kontinent eine starke Gliederung in viele Inseln und Halbinseln auf, zum Beispiel die Britischen Inseln und die Skandinavische Halbinsel. Inseln und Halbinseln nehmen mehr als ein Drittel des Kontinents ein.

Aufgaben

2 **Beschreibe die Abgrenzung Europas. Nutze M3 und den Atlas.**

3 **Beschreibe die Oberflächengestalt Europas (Atlas).**

Arbeitsheft

Europa im Überblick

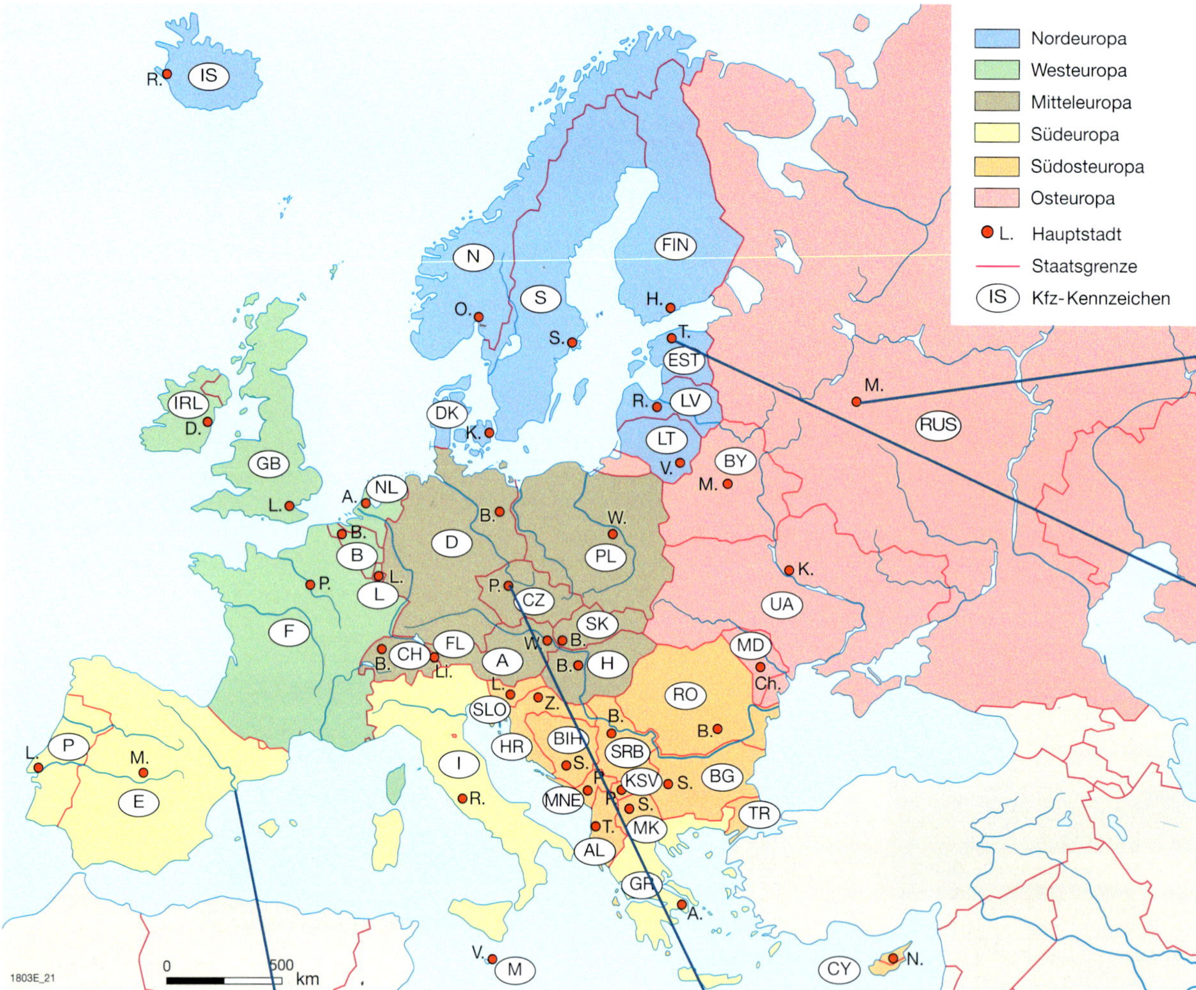

M1 Großregionen Europas

M2 An der spanischen Mittelmeerküste

M3 In Prag an der Moldau

M4 Der Kreml in Moskau

M5 Blick auf die Hansestadt Tallinn

Staaten Europas

Die Staatenkarte Europas zeigt ein buntes Bild. Mehr als 45 Länder liegen auf dem Kontinent. Sie weisen bedeutende Unterschiede in ihrer Flächengröße auf. Fast die Hälfte Europas nimmt der europäische Teil Russlands ein.
Es gibt aber auch „Zwergstaaten" wie Monaco, San Marino, Luxemburg oder Liechtenstein.

Der flächenkleinste Staat ist mit nur einem halben Quadratkilometer die Vatikanstadt in Rom. Die Staaten Europas lassen sich nach ihrer Lage auf dem Kontinent zu Großregionen zusammenfassen (M1).

Aufgaben

1 **Plane eine Reise von Lissabon nach Moskau. Durch welche Länder kommst du? Welche Flüsse musst du überqueren?**

2 **Nenne die Länder, die du aus der Vogelperspektive betrachten kannst, wenn du mit dem Flugzeug bei wolkenlosem Himmel auf direktem Weg von Rom nach Helsinki fliegst.**

Arbeitsheft

Info

Rekorde Europas (2010)

- größtes Land (ohne Russland): Ukraine 603 700 km²
- kleinstes Land: Vatikanstadt 0,44 km²
- größte Bevölkerungszahl: Deutschland 82 Millionen Einwohner
- kleinste Bevölkerungszahl: Vatikanstadt ca. 1 000 Einwohner
- höchste Bevölkerungsdichte: Monaco 16 410 Einwohner/km²
- niedrigste Bevölkerungsdichte: Island 3 Einwohner/km²
- bevölkerungsreichste Stadt: Moskau 10,5 Millionen Einwohner
- höchster Berg: Montblanc mit 4 807 Metern
- längster Fluss: Wolga mit 3 531 Kilometern

Kulturelle Vielfalt

Aufgaben

1 **Beschreibe, was Europa verbindet (Text).**

2 **„Europa fängt im Kopf an." Was bedeutet dieser Satz?**

3 **Informiere dich in deiner Stadt, deinem Dorf, ob es Partnerschaften mit europäischen Städten oder Dörfern gibt.**

4 **Ordne jedem Willkommensgruß (M2) eine europäische Sprache zu.**

In Europa leben viele Völker mit unterschiedlichen Lebensgewohnheiten auf engem Raum. Die großen Tieflandsgebiete und die Gebirge bestimmten den Verlauf der europäischen Handelsstraßen. Auf ihnen drangen auch Eroberer nach Europa vor. Über die weiten osteuropäischen Tiefebenen waren es zum Beispiel mehrfach asiatische Völker.

Viele von ihnen ließen sich in den eroberten Gebieten nieder. Im Laufe der Zeit kam es dort zu einer Vermischung unterschiedlicher Kulturen, Sprachen und Religionen. Auch innerhalb Europas kam und kommt es immer wieder zu Bevölkerungswanderungen.

Ihnen lagen und liegen zum Teil heute noch religiöse und kriegerische Auseinandersetzungen in den Heimatländern zugrunde.

Unterschiede im wirtschaftlichen Entwicklungsstand einzelner Länder spielen ebenfalls eine Rolle. So leben und arbeiten in den wichtigen Industriestaaten Mitteleuropas viele Angehörige anderer Nationalitäten. Die überwiegende Zahl von ihnen wurde bis in die 1970er-Jahre als Arbeitskräfte angeworben.

Heute suchen viele Menschen aus anderen Ländern aus wirtschaftlichen, politischen und religiösen Gründen Zuflucht in Europa.

M1 Backwaren aus Europa. Ordne sie den Ländern zu. Orientiere dich dabei an den Flaggen.

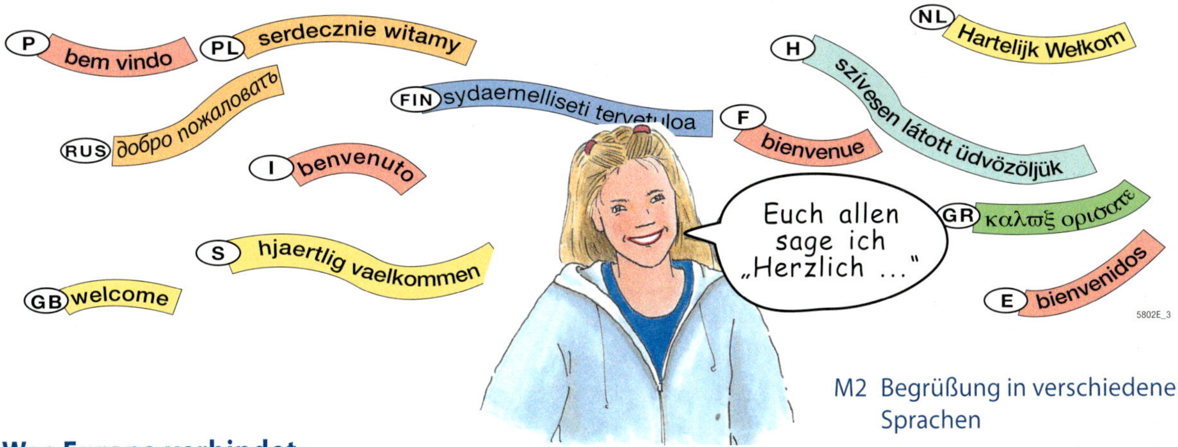

M2 Begrüßung in verschiedenen Sprachen

Was Europa verbindet

Europa ist ein Kontinent mit einer Vielzahl an Ländern und Völkern. Dennoch gibt es nicht nur Unterschiede. Es gibt auch viele Ähnlichkeiten und Gemeinsamkeiten in der Geschichte und Religion, in Bräuchen, in der Kunst und Architektur und auch bei den Sprachen.

Geschichte und Religion: Eine gemeinsame Geschichte haben viele mittel- und südeuropäische Staaten. Sie gehörten zum Beispiel zum Römischen Reich oder zum Reich Karls des Großen (768 – 814). Die meisten Europäer sind Christen.

Bräuche: Den Weihnachtsmann gibt es in fast allen europäischen Ländern. Die französischen Kinder stellen ihre Schuhe vor den Kamin, die irischen dagegen hängen die Socken für die Geschenke an das Fußende des Bettes.

Kunst und Architektur: Die Kirchen und Schlösser Europas wurden in verschiedenen Epochen zumeist nach ähnlichen Plänen errichtet.

Sprachen: Mehr als 90 Prozent der Einwohner Europas sprechen Sprachen der indoeuropäischen Sprachfamilie. Dazu gehören zum Beispiel Englisch, Deutsch und Russisch.

Info

„Sprachfamilie“

Das Wort „Vater“ in

- Latein: pater
- Spanisch: padre
- Portugiesisch: pai
- Französisch: père
- Deutsch: Vater
- Englisch: father
- Schwedisch: fader

M3 Petersdom in Rom

M4 Dom zu Vilnius

M5 Kölner Dom

Oberflächengestalt und Gewässer

Flüsse (in km)	
Wolga	3 530
Donau	2 800
Ural	2 430
Dnjepr	2 290
vgl. Rhein	*1 320*

Seen (in km²)	
Ladogasee	17 700
Onegasee	9 620
Vänersee	5 650
Peipussee	3 560
vgl. Bodensee	*540*

M1 Gewässer Europas

Europas Oberflächengestalt weist eine große Vielfalt auf. Mehr als die Hälfte des Kontinents wird von einem Tieflandsgebiet eingenommen. Es erstreckt sich von der französischen Atlantikküste bis zum Ural. Dabei wird es immer breiter. Seine heutigen Formen entstanden vor allem während und nach der letzten Eiszeit.

An das Tiefland schließt sich im Süden ein Mittelgebirgsland an. Der mittlere und südliche Teil Europas wird vor allem von einem Hochgebirgsgürtel durchzogen. Dazu gehören neben den Alpen zum Beispiel die Pyrenäen, die Karpaten und die Apenninen (M2).

Europas Gewässernetz ist reich an Flüssen und Seen (M1). Die längsten und wasserreichsten Flüsse fließen vor allem im Osten Europas. Die Fließrichtung der Flüsse steht in engem Zusammenhang mit der Oberflächengestalt. Der zweitlängste Fluss, die Donau, verbindet Mittel- mit Südosteuropa.

Die bedeutendsten Seen liegen in Südskandinavien und im nördlichen Osteuropa. In Finnland befinden sich tausende Seen, vielfach miteinander durch Kanäle verbunden. Aber auch die Alpen und das Alpenvorland sind reich an Seen. Sie entstanden in der letzten Eiszeit.

M2 Europa – physische Karte

① In den Highlands

② In der Hohen Tatra

③ Landschaft bei Den Haag

④ An der Wolga

⑤ Götakanal, Schleuse zum Vättersee

Aufgaben

1 Nenne je drei Tiefländer, Mittelgebirge und Hochgebirge. Beschreibe ihre Lage.

2 Beschreibe den Verlauf von drei Flüssen. Erkläre ihn.

3 Ermittle mithilfe des Atlas die Länder, in denen die Fotos ① bis ⑤ aufgenommen wurden.

In Passau an der Donau

Die Donau – eine Lebensader

„Donau, so blau …" – heißt es in einem bekannten Walzer von Johann Strauß. Quelle und Mündung des zweitlängsten Flusses Europas sind mit der Farbe Schwarz verbunden: Schwarzwald und Schwarzes Meer.
Auf ihrem Lauf durchquert die Donau reizvolle Landschaften wie die Ungarische Tiefebene, die Kasan-Enge und das von ihr geschaffene Delta.

Als „blaue" Lebensader verbindet die Donau viele Staaten Mittel- und Südosteuropas miteinander. Sie bietet Millionen von Menschen Erholung und Entspannung, ist Lebensgrundlage für viele Fisch- und Vogelarten, dient der Bewässerung von Feldern und der Erzeugung von Elektroenergie. Seit Jahrtausenden besitzt die Donau eine große Bedeutung als europäische Wasserstraße.

Das Donauknie bei Visegrád

In Belgrad an der Donau

M1 Verlauf der Donau

Kasan-Enge im serbisch-rumänischen Grenzgebiet

Donautiefland bei Ruse

www.danube-river.org

Aufgaben

1. **Verfolge den Verlauf der Donau von der Quelle bis zur Mündung. Welche Staaten werden von ihr durchflossen (Atlas)?**
2. **Nenne die Länder, die von den längsten Flüssen Europas (S. 14, M1, Atlas) durchflossen werden.**

Arbeitsheft

Kulturelle Vielfalt

Auf ihrem langen Weg durch Mittel- und Südosteuropa wird die Donau unter anderem auch Dunaj, Dona, Dunav, Dunava, Dunareă genannt. Die Donauregion gilt als der Teil Europas, in dem es die größte Vielfalt an Nationalitäten gibt. Diese Vielfalt entstand durch Bevölkerungswanderungen oder durch Fremdherrschaft über Länder der Region. Um den Besitz der fruchtbaren Tiefebenen links und rechts der Donau wurden immer wieder harte Kämpfe ausgetragen. Zeitweise gab es hier ausgedehnte Vielvölkerstaaten, die jedoch später wieder zerfielen.

M2 Im Donaudelta

Aufgaben

3 **Ermittle weitere Flüsse auf der Erde, die eine Deltamündung besitzen (Atlas).**

4 **Erläutere die Bedeutung der Schilfbestände im Donaudelta.**

Die Donau schüttet ein Delta auf

„Die Donau baut Europa ab und schüttet alles ins Schwarze Meer“, so hört man die Bewohner an der Flussmündung oft sagen.

Etwa 75 Kilometer von der Küste entfernt verzweigt sich der Strom in drei große Flussarme und Tausende kleinerer Wasseradern.

Mitgeführtes Material, feiner Sand und Schlamm, lagert die Donau an der Mündung in das Schwarze Meer ab. Jährlich wächst das Delta der Donau 40 bis 50 Meter ins Meer hinaus.

Nutzung des Deltas

Das Donaudelta ist ein Naturschutzgebiet und ein wahres Paradies für Tiere. Besonders artenreich ist die Vogelwelt. Das Gewirr aus Flussläufen und Seen ist die Heimat zahlreicher Fischarten.

Das Donaudelta ist die größte Schilflandschaft der Erde. Die riesigen Schilfbestände werden vor allem zur Herstellung von Papier, Pappe und Zellwolle genutzt.

Da diese Produkte ansonsten aus Holz hergestellt werden, kann man viele Hektar Wald erhalten.

Info

Deltamündung

Eine Flussmündung, die in viele Arme verzweigt in einen See oder ein Meer hineinwächst, wird als Deltamündung bezeichnet. Ihr Name leitet sich von dem griechischen Buchstaben „Delta“ ab, dessen Form sie ähnelt.

M3 Fischer mit Welsen

M4 Schilfernte im Donaudelta

Klima und Vegetation

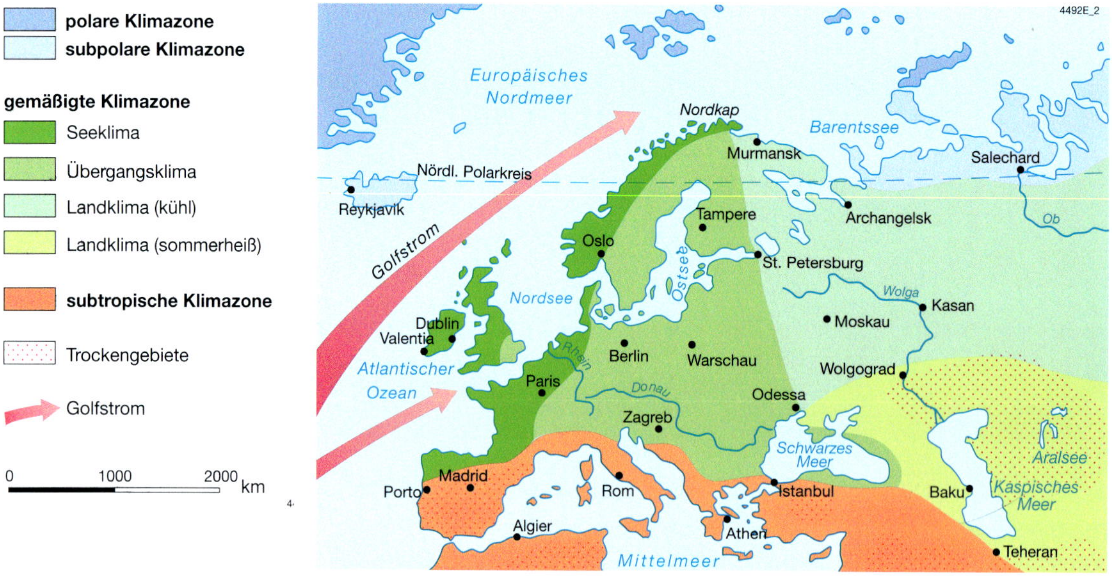

M1 Europa – Klimazonen

Vom Nordkap zum Mittelmeer

Wir unternehmen eine Reise vom Nordkap im Norden der Skandinavischen Halbinsel bis zum Mittelmeer.

Je weiter wir uns südwärts bewegen, desto wärmer wird es. Auch die Pflanzenwelt verändert sich: Am Anfang unserer Reise sind wir in einer baumlosen Landschaft mit Gräsern, Moosen und Flechten. Die sich südlich anschließenden ausgedehnten Nadelwälder gehen in Laub- und Mischwälder über. Im Mittelmeerraum dagegen wachsen unter anderem Palmen, Pinien, Zypressen und Korkeichen.

Wie sind diese Veränderungen zu erklären? Die Temperaturen eines Raumes werden vor allem durch seine Entfernung zu den Polen bzw. zum Äquator bestimmt. Aber auch die Lage zum Meer, die Höhenlage oder die Windverhältnisse bestimmen das Klima einer Region.

Gebiete, in denen sich Klimamerkmale wie Temperaturen, Niederschläge, Wind und Bewölkung ähneln, werden zu einer Klimazone zusammengefasst. Klimazonen ziehen sich gürtelförmig um die ganze Erde.

Im Laufe von Jahrtausenden haben sich die Pflanzen an die klimatischen Verhältnisse angepasst. Deshalb können den Klimazonen Vegetationszonen zugeordnet werden (M1 und M2).

Die ursprüngliche Vegetation gibt es in Europa kaum noch. Der Mensch hat die Pflanzenwelt im Laufe der Zeit stark verändert. Vor allem durch die land- und forstwirtschaftliche Nutzung wurden aus Naturlandschaften Kulturlandschaften.

Info

Klima

Das Klima eines Ortes/Gebietes ergibt sich aus den langjährigen Durchschnittswerten der Merkmale des Wetters (vgl. S. 20).

Aufgaben

1. **Beschreibe die Verteilung der Klimazonen in Europa von Nord nach Süd.**
2. **Nenne die Klimazone, in der Deutschland liegt.**
3. **Beschreibe die Fotos in M3. Ordne sie der jeweiligen Vegetationszone zu.**
4. **Erkläre: Klima und Vegetation passen zusammen. Nutze dazu M1 und M2.**

Arbeitsheft

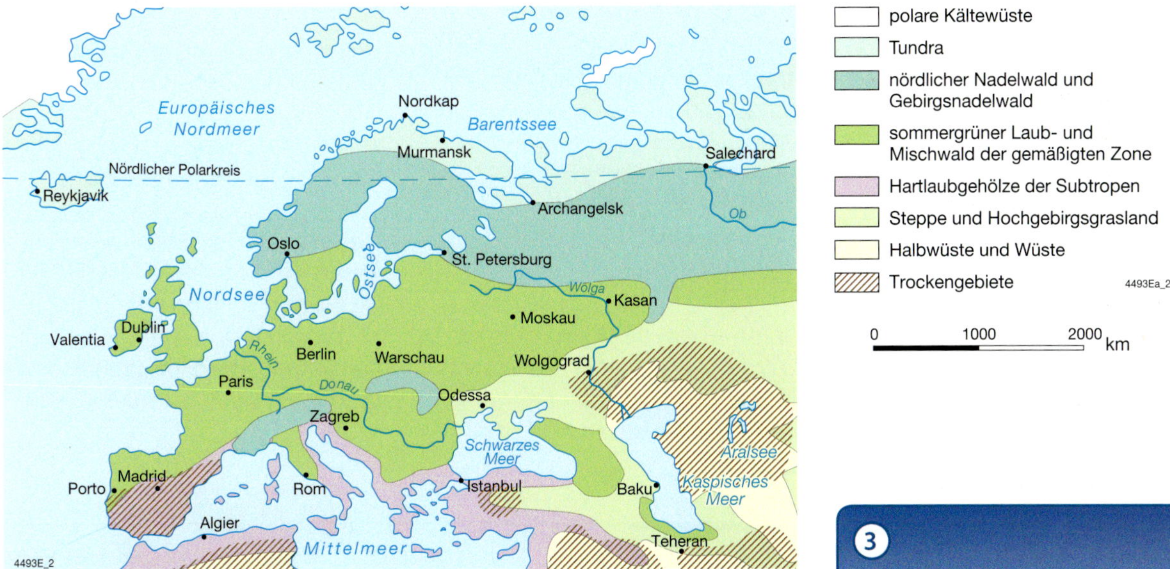

M2 Europa – Vegetationszonen

M3 In verschiedenen Vegetationszonen

Bio

Ein Klimadiagramm lesen

Von einer Klimatabelle zum Klimadiagramm

Info

Klimadiagramm

Ein Klimadiagramm ist die grafische Darstellung der Klimaelemente Temperatur und Niederschlag an einem bestimmten Ort. Mithilfe eines Klimadiagramms können Aussagen zum Klima eines Ortes getroffen werden. Folgen für die Vegetation sowie das Leben und Wirtschaften der Menschen können aus Klimadiagrammen abgeleitet werden.

Wenn wir vom Wetter sprechen, so beschreiben wir, welche Temperaturen an einem bestimmten Ort zu einem bestimmten Zeitpunkt herrschen, woher und wie stark die Winde wehen, ob die Sonne scheint, ob es regnet oder gerade schneit.

Wenn es um das Klima geht, so werden Messungen der Wetterelemente über einen Zeitraum von über 30 Jahren herangezogen.

Meteorologen errechnen für die gemessenen Temperaturen und Niederschläge Durchschnittswerte (Mittelwerte, zum Beispiel die Jahresmitteltemperatur).

Die langjährigen Mittelwerte werden in Tabellen erfasst (M3). Da solche Tabellen aber wenig anschaulich sind, stellt man die Werte grafisch in Klimadiagrammen dar (vgl. Info-Box und S. 21).

M1 Wetterstation auf der Zugspitze

M2 Meteorologin bei der Arbeit

Aufgaben

1 **Beschreibe den Aufbau eines Klimadiagramms.**
2 **Lies die Klimadiagramme auf der Seite 21. Orientiere dich an der Schrittfolge.**

Monat	J	F	M	A	M	J	J	A	S	O	N	D	Jahr
Temperatur in °C	–12	–12	–10	–7	–3	1	3	2	1	–3	–7	–10	**–4,7**
Niederschlag (mm)	175	160	146	169	169	191	209	179	142	134	134	138	**1964**

M3 Klimawerte von der Zugspitze (1971 – 2000)

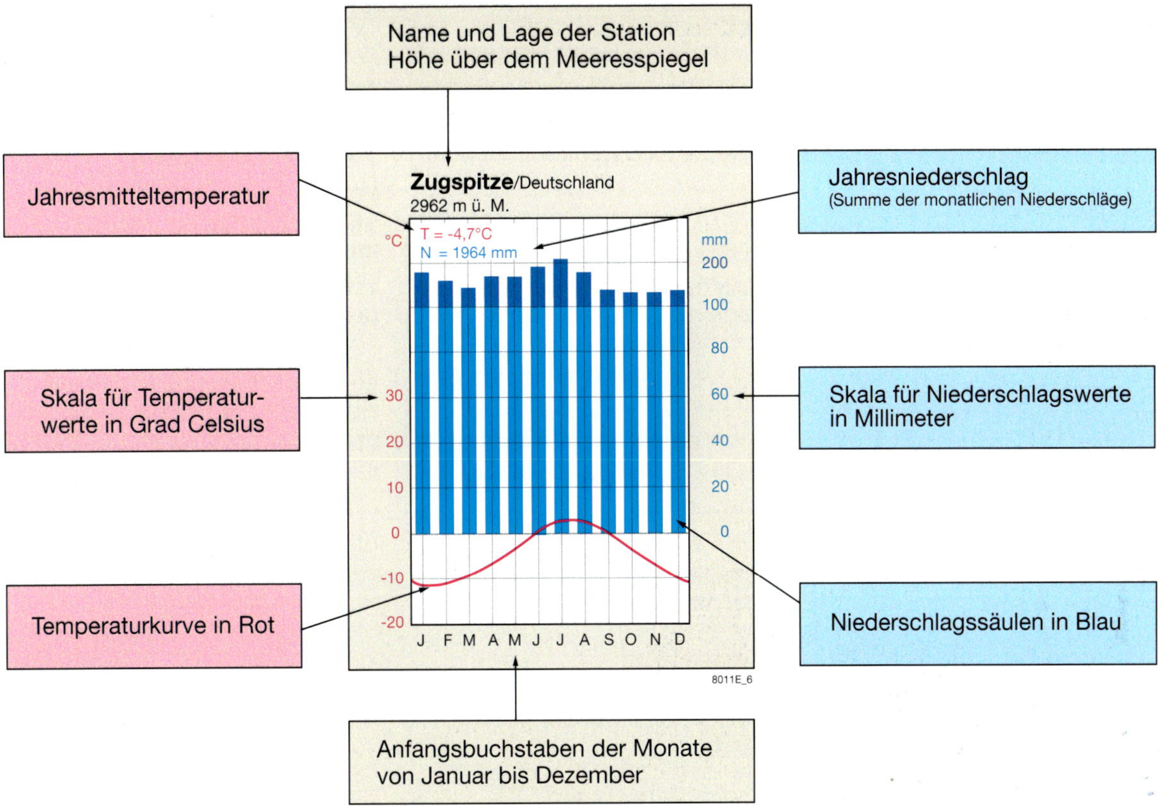

M4 Das Klimadiagramm in seinen einzelnen Bestandteilen

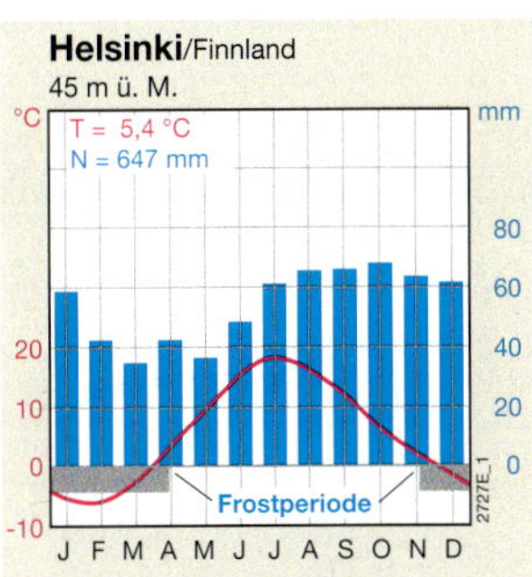

M5 Klimadiagramm Helsinki

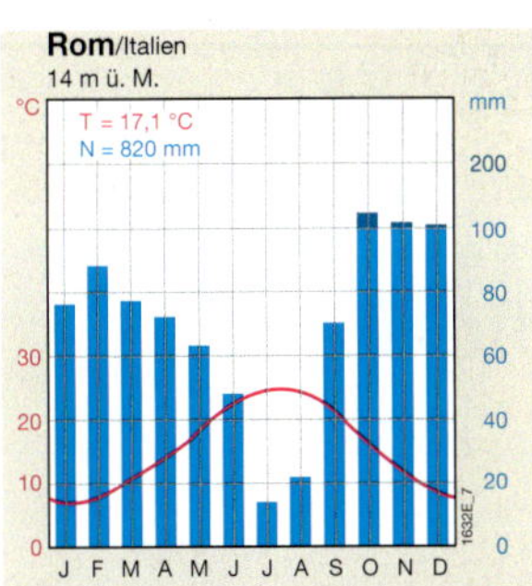

M6 Klimadiagramm Rom

So gehst du vor

1. **Lage der Station**
   Nenne den Namen der Station. Beschreibe ihre Lage (Kontinent, Land, Lage über dem Meeresspiegel).
2. **Temperatur**
   Nenne die Jahresmitteltemperatur sowie die Temperatur des wärmsten und kältesten Monats. Beschreibe den jährlichen Temperaturverlauf. Achte dabei auch auf vorhandene Schwankungen.
3. **Niederschlag**
   Nenne die Jahresniederschlagssumme sowie den niederschlagsreichsten und -ärmsten Monat. Beschreibe den jährlichen Niederschlagsverlauf. Achte dabei auch auf vorhandene Schwankungen.

Mathe

Klimaunterschiede in der gemäßigten Klimazone

Aufgaben

1 Nenne Merkmale von See-, Übergangs- und Landklima (M1 – M6).

2 Lies die E-Mails von Kevin und Natascha. Vergleiche:
- Lage,
- Klima im Winter und im Sommer,
- Landwirtschaft,
- Freizeitgestaltung.

Nutze auch die Klimadiagramme.

Arbeitsheft

Veränderungen der Temperaturen und Niederschläge sind auch festzustellen, wenn wir Europa von Westen nach Osten innerhalb der gemäßigten Klimazone durchqueren. Wir gelangen von Gebieten mit Seeklima in Gebiete mit Übergangsklima und schließlich in Regionen mit Landklima. Seeklima, Übergangsklima und Landklima werden als Klimatypen bezeichnet.
Das Wasser des Meeres und das Land im Inneren des Kontinents erwärmen sich unterschiedlich. Das Meer speichert im Sommer Wärme und gibt sie im Winter langsam an die Luft ab.
Somit gibt es in den meernahen Gebieten keine großen Temperaturunterschiede zwischen Sommer und Winter.
Das Land speichert die Wärme nicht sehr lange und gibt sie im Winter rasch an die Luft ab. Die Winter können im Inneren des Kontinents sehr kalt werden.

In der gemäßigten Klimazone wehen die Winde das ganze Jahr über überwiegend aus westlicher Richtung. Sie bringen feuchte Luftmassen zum Festland.
Je weiter ein Gebiet vom Ozean entfernt liegt, desto weniger Niederschläge fallen.

Westen → **Osten**

Seeklima
- kühle Sommer
- milde Winter
- geringe Temperaturgegensätze zwischen Sommer und Winter
- hohe Niederschläge zu allen Jahreszeiten

Übergangsklima

Landklima
- warme bis heiße Sommer
- kalte bis sehr kalte Winter
- große Temperaturgegensätze zwischen Sommer und Winter
- geringe Niederschläge zu allen Jahreszeiten

M1 Klimatypen der gemäßigten Klimazone

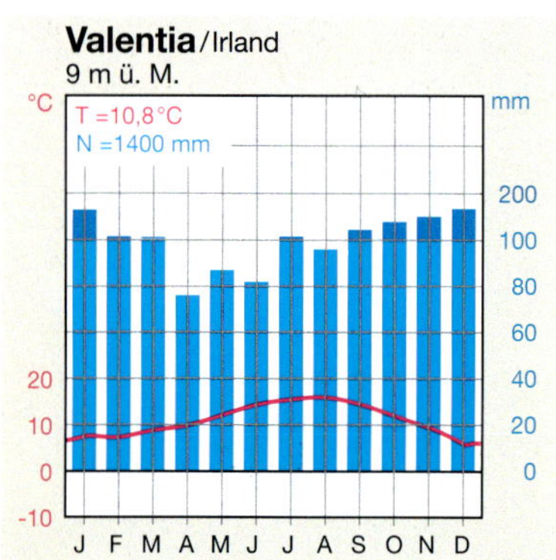

M2 Seeklima

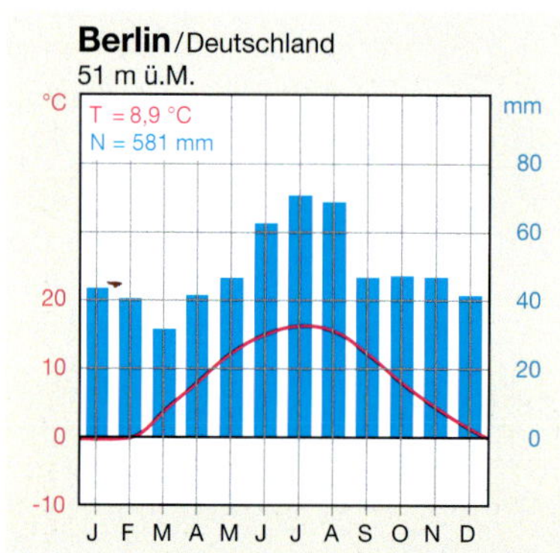

M3 Übergangsklima

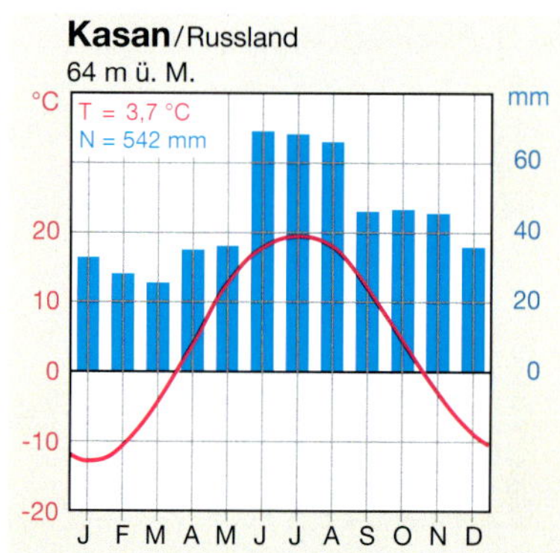

M4 Landklima

Valentia/Irland, 3. Januar

Liebe Natascha,
vielen Dank für Deine Mail zu Weihnachten mit den schönen Bildern.
Bei uns regnet es wieder einmal, jetzt schon fünf Tage ununterbrochen. Die alte englische Redewendung „It's raining cats and dogs" passt auch für meine Heimat. Den Rindern und Schafen, die das ganze Jahr auf den Weiden stehen, macht der Regen allerdings nichts aus. Und besonders kalt ist es ja auch nicht. Schnee gibt es nur selten und er schmilzt schnell wieder weg. Das Gras wächst das ganze Jahr über, auch Gemüse können wir hier fast immer anbauen. Alles ist üppig grün, deshalb nennt man Irland auch die grüne Insel.
Meine Freunde und ich warten auf schönes Wetter, damit wir wieder Rugby, Fußball oder Tennis spielen können, alles natürlich auf Rasen.
Glücklicherweise gehören jetzt in der Secondary School lange Hosen zur Schuluniform. In der Primary School hatten wir nur kurze Hosen; man hatte immer behauptet, Sommer und Winter würden sich so wenig unterscheiden, dass man keine Winterhosen bräuchte.
Ich freue mich, dass ich Dich im Sommer besuchen darf!

Dein Kevin

M5 In Valentia im Januar

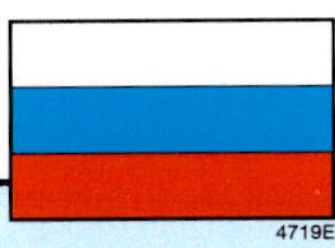

Kasan/Russland, 15. Februar

Lieber Kevin,
Ihr habt ja gar keinen richtigen Winter! Das ist bei uns schon ganz anders: Vor zwei Wochen gab es eine Rekordkälte: -41 Grad! Die Schule ist ausgefallen, weil die Schulbusse nicht angesprungen sind. -10 Grad sind hier normal. Solange kein Wind weht, ist es ganz angenehm.
In den Sommermonaten ist es hier ganz schön heiß, an manchen Tagen über 30 Grad. Da reift das Getreide schnell. Vielleicht könnten wir mehr ernten, wenn es mehr regnen würde. Aber der Atlantische Ozean ist zu weit weg. Von dort kommt der Westwind mit seinen Regenwolken nur ganz selten bis zu uns. Dafür gibt es immer wieder Staubstürme: Der Wind weht den feinen Boden von den Feldern. Nach Gewittergüssen bilden sich ab und zu reißende Bäche, die dann viel Boden abspülen.
Vor vielen Jahren wurden Wälder angelegt, um diese Bodenzerstörung zu verhindern, aber es hat nicht viel genützt. Wir spielen oft im Freien, wenn es nicht zu heiß ist, oder wir gehen Pilze und Beeren suchen.
Prima, dass Du im Sommer kommst, da kannst Du vieles selbst sehen!

Deine Natascha

M6 In Kasan im Januar

Aufgabe

3 Nenne Kleidungsstücke, die Kevin und Natascha in ihre Koffer packen müssten, wenn sie sich im Januar besuchen würden.

Eine Kartenskizze anfertigen

Info

Kartenskizze

Kartenskizzen stellen den Umriss eines Raumes mit wenigen Strichen dar. In ihnen werden wesentliche geographische Objekte (vor allem Meere, Flüsse, Gebirge, angrenzende Länder, Städte) mit Farben und Signaturen eingetragen.

Europas Umrisse – schwierig und doch einfach

Manche Länder- oder Inselumrisse Europas lassen sich sehr schwer skizzieren.
Mit etwas Fantasie erkennst du aber auch einprägsame Formen wie Dreieck, Viereck oder Gegenstände (M1).
Sie helfen dir, die Umrisse mit einfachen Strichen zu zeichnen und einzuprägen.

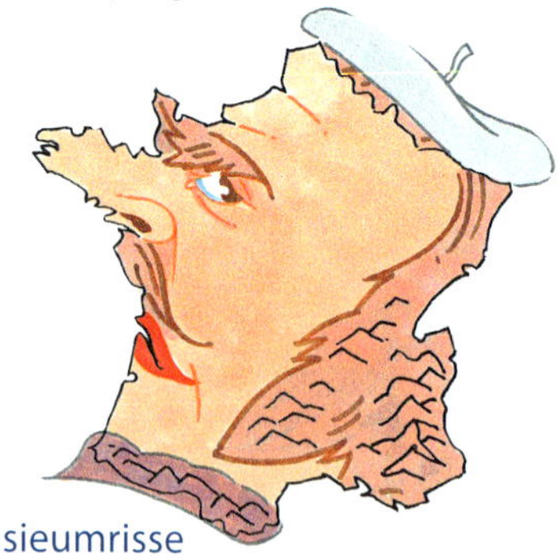

M1 Fantasieumrisse

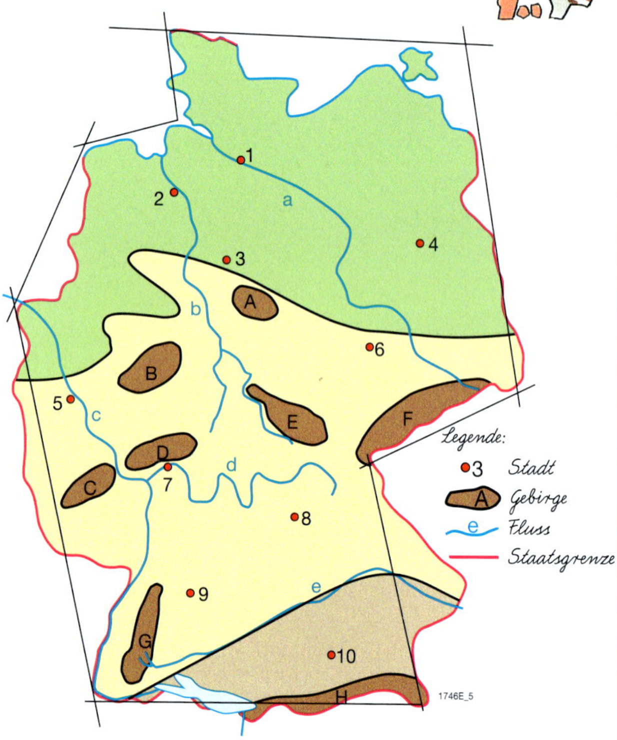

M2 Kartenskizze von Deutschland

So gehst du vor

1. Wähle einen Raum, zu dem du eine Kartenskizze anfertigen möchtest, aus (z. B. Kontinent, Halb-/Insel, Land).
2. Stelle fest, ob der Umriss des Raumes eine einprägsame Form hat (Atlas).
3. Zeichne zuerst den groben Umriss des Raumes. Arbeite auch mit Hilfslinien.
4. Wähle nun wichtige geographische Objekte aus, die du in die Karte eintragen willst (denke an Gebirge, Flüsse, Städte). Zeichne sie mit unterschiedlichen Farben ein (vgl. M2).
5. Lege eine Legende an. Schreibe die eingezeichneten Objekte geordnet auf und ordne ihnen Buchstaben und Zahlen zu.
6. Beschrifte alle eingezeichneten Objekte mit den entsprechenden Buchstaben bzw. Zahlen.
7. Gib der Kartenskizze eine Überschrift.

Aufgaben

1 **Beschreibe die Fantasieskizzen in M1. Ermittle, welche Räume sind hinter ihnen verbergen.**

2 **Fertige eine Kartenskizze von Italien an. Orientiere dich an der Schrittfolge.**
Arbeitsheft

Gewusst – gekonnt

ALLES KLAR

1 Bilderrätsel

Finde die acht versteckten europäischen Städte heraus. Nenne die Länder, in denen sie liegen.

2 Umrissrätsel

Ermittle mithilfe des Atlas, welche geographischen Objekte im Umriss dargestellt sind.
Nenne die richtigen Antworten.

a) Welche Insel ist dargestellt?
- ☐ Zypern
- ☐ Sardinien
- ☐ Island
- ☐ Sizilien

b) Welches Land ist dargestellt?
- ☐ Österreich
- ☐ Bulgarien
- ☐ Ungarn
- ☐ Schweiz

c) Welches Gebirge ist dargestellt?
- ☐ Karpaten
- ☐ Apenninen
- ☐ Alpen
- ☐ Pyrenäen

3 Hier passt etwas nicht.

Suche in den Wortreihen den nicht dazu passenden Begriff.

a) Mallorca – Korsika – Kreta – Malta – Rügen – Schottland – Irland
b) Donau – Wolga – Rhein – Balaton – Po – Themse – Weichsel
c) Wien – Paris – London – Rom – Riga – Prag – Rotterdam – Sofia
d) Steppe – Tundra – Nadelwald – Seeklima – Laub- und Mischwald
e) Portugal – Spanien – Frankreich – Italien – Kroatien – Griechenland

- die Begrenzung des Kontinents Europa sowie seine Gliederungen beschreiben,
- die Oberflächengestalt und das Gewässernetz in Kartenskizzen darstellen,
- Abfolge, Merkmale und Zusammenhänge der Klima- und Vegetationszonen aufzeigen, dabei Klimadiagramme lesen.

Du kannst dabei folgende Fachbegriffe anwenden:
Deltamündung, Klimazone, Vegetationszone, gemäßigte Klimazone, Seeklima, Landklima

Entstehung und Nutzung von Landschaften

Landschaften – vom Eis geprägt 28
Im eiszeitlichen Abtragungsgebiet 30
Leben und Wirtschaften in Nordeuropa 32
Im eiszeitlichen Ablagerungsgebiet 36
Vielfältige Nutzung 38
Sich auf eine Reise vorbereiten 42 METHODE
Gewusst – gekonnt 43 ALLES KLAR
Hochgebirgslandschaft Alpen 44
Die Alpen – ein Gebirge aus dem Meer 46
Von Gletschern überformt 48
Leben und Wirtschaften in den Alpen 50
Naturraum in Gefahr 56
Eine erdgeschichtliche Zeittafel lesen 58 METHODE
Gewusst – gekonnt 59 ALLES KLAR

M1 Im eiszeitlichen Ablagerungsgebiet

- vom Eis geprägte Oberflächenformen und eine Hochgebirgslandschaft beschreiben,
- ihre Entstehung und Nutzung erklären,
- eine erdgeschichtliche Zeittafel lesen.

M2 Im Hochgebirge

Landschaften – vom Eis geprägt

Aufgaben

1 **Beschreibe die Ausdehnung des Inlandeises während des Eiszeitalters in Europa.**

2 **Beschreibe, wie Gletscher entstehen.**

3 **Formuliere weitere Fragen an den Glaziologen. Versuche, sie selbst mithilfe von Nachschlagewerken und Internet zu beantworten.**

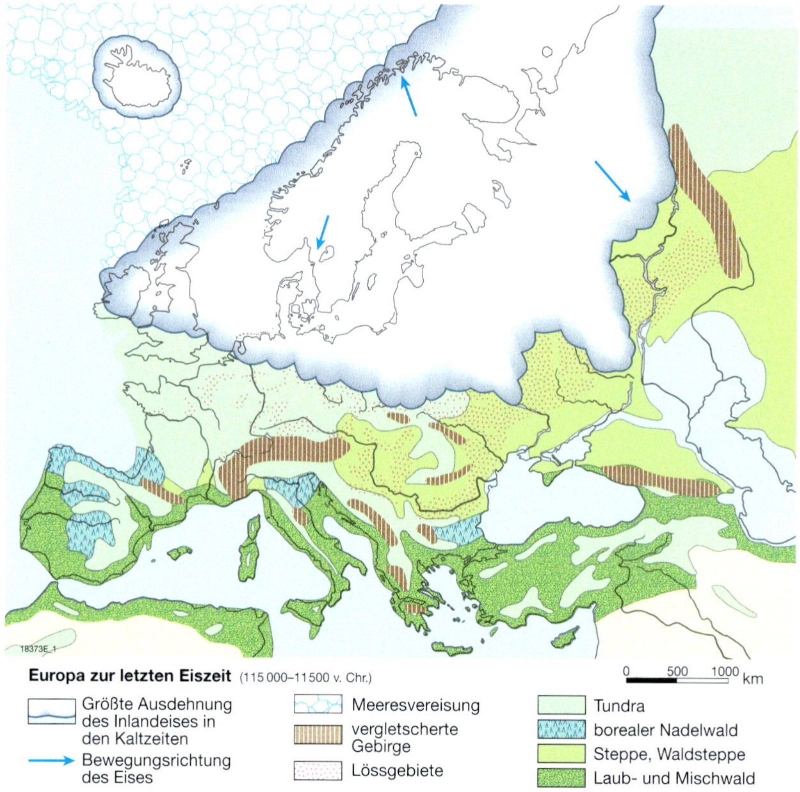

M1 Europa im Pleistozän

www.helles-koepfchen.de
Suchwort: Gletscher

M2 Menschen in der Eiszeit

Weite Teile Nord-, West-, Mittel- und Osteuropas erhielten ihr heutiges Gesicht durch gewaltige Gletscher und ihr Schmelzwasser. Die entstandenen Oberflächenformen und Landschaften sind erdgeschichtlich gesehen noch „sehr jung": das letzte Eiszeitalter (Pleistozän genannt) endete erst vor etwa 11 500 Jahre.

Damals sanken die Temperaturen weltweit um 6 bis 8 °C ab. In weiten Gebieten rund um die Pole und auch in den Hochgebirgen fiel der Niederschlag nur noch als Schnee. Da er durch die andauernde Kälte nicht abtauen konnte, häuften sich immer mächtiger werdende Schneemassen an.

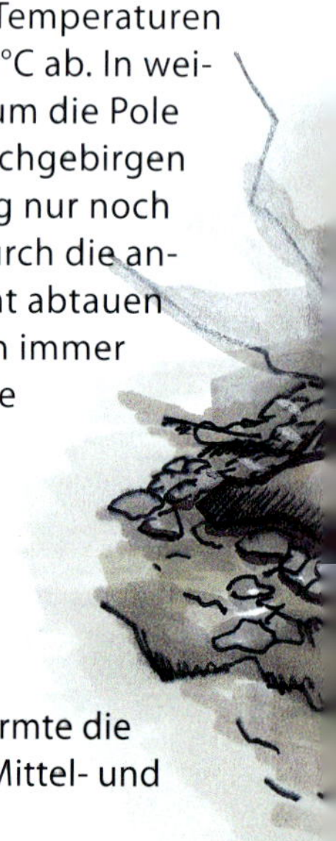

Gewaltige Eismassen in Europa

Durch das große Gewicht der Schneedecke wurde der lockere Schnee zu Eismassen zusammengepresst. Diese erreichten Höhen von über 3 000 Meter und breiteten sich immer weiter aus.
Dieses Inlandeis drang von Nordeuropa aus mehrfach weit nach Süden vor. Es überformte die Tiefländer in West-, Mittel- und Osteuropa.
In den Gebirgen bildeten sich Gletscher, aus denen nur die höchsten Gipfel herausragten. Sie bewegten sich mit ihren Gletscherzungen bis in die Vorländer (M1).

Fragen an eine Gletscherforscherin (Glaziologin)

M3 Glaziologin bei der Arbeit

Lebten im Pleistozän Tiere und Menschen in Nord- und Mitteleuropa?

Ja, allerdings mussten sie sich an die Kälte anpassen. Denkt nur an das Mammut oder die warme Fellkleidung der Steinzeitmenschen. Teilweise mussten sie vor den vordringenden Gletschern nach Süden ausweichen.

Wie mächtig sind die Eismassen auf der Erde heute?

Die gewaltigste Eiskappe lagert über dem Kontinent Antarktika. Sie ist bis zu 4 800 Meter mächtig. Über Grönland erreicht das Inlandeis eine Höhe von rund 3 400 Metern.

Kann man über einen Gletscher wandern?

Ja, aber wie bei einer Wanderung durch das Watt sollte ein erfahrener Führer dabei sein. Zur Ausrüstung gehören Seil, Schuhe mit Eispickel, Sonnenbrille, warme Kleidung. Neben der rutschigen Oberfläche sind Eisspalten besonders gefährlich.

Was passiert, wenn die Poleiskappen und Gletscher abschmelzen?

Dies hätte schwerwiegende Folgen. Es käme zu einem Meeresspiegelanstieg. Weite Küstengebiete würden überflutet. Viele Städte würden unter Wassermangel leiden, da rund 70 Prozent des Trinkwassers im Eis gespeichert sind. Tiere wie die Eisbären sind schon heute von der Eisschmelze betroffen.

Wie schnell bewegen sich Gletscher vorwärts?

Wenn Gletscher immer neue Schneemassen als „Nahrung“ erhalten, schieben sie sich vorwärts. Die Geschwindigkeit der Bewegung hängt vor allem vom Relief, dem Gefälle und dem Eigengewicht des Eispanzers ab. Alpengletscher erreichen Geschwindigkeiten von 60 bis 200 Metern im Jahr. Auf Grönland können es 30 Meter am Tag sein.

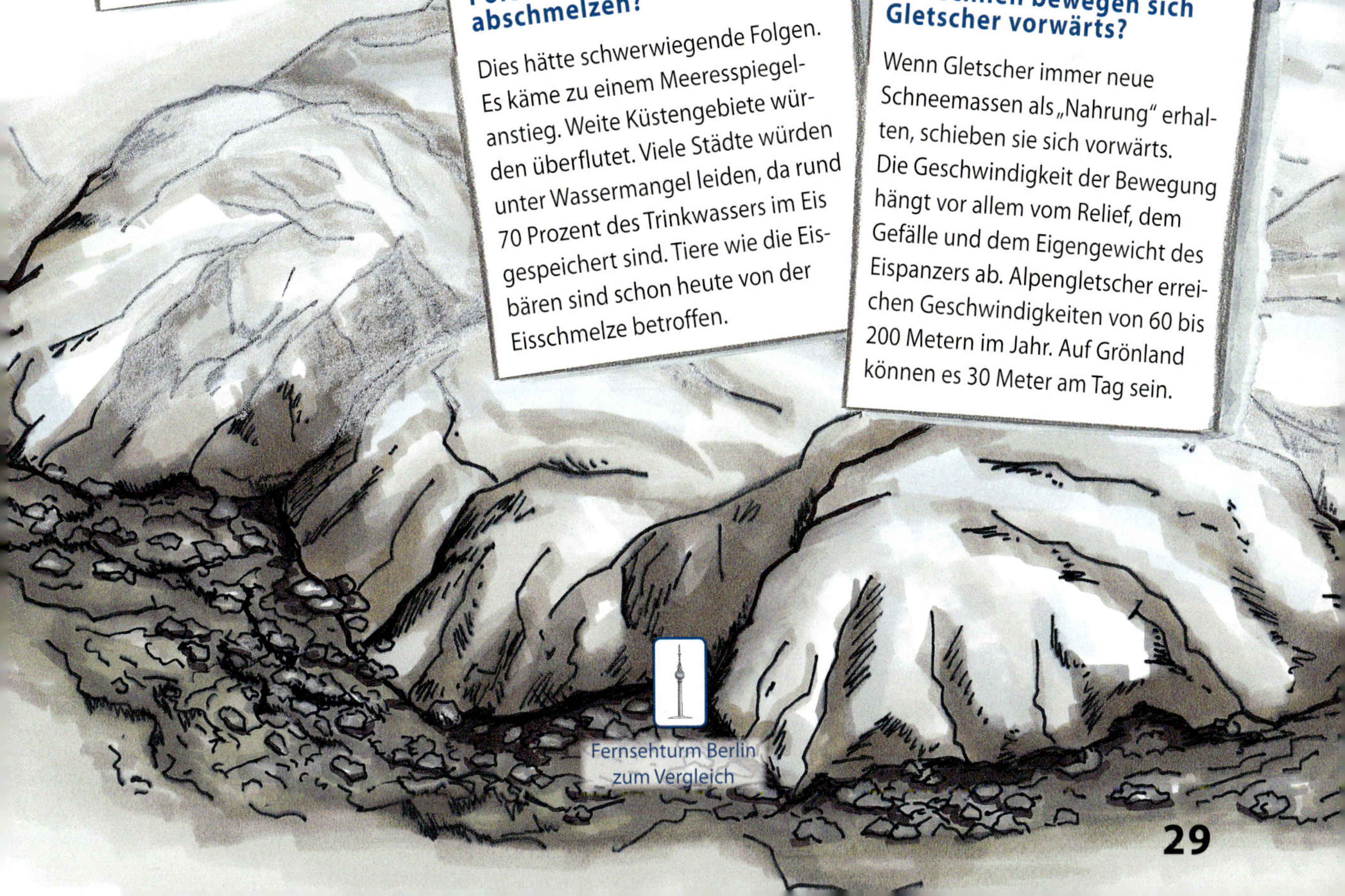

Im eiszeitlichen Abtragungsgebiet

M1 Nordeuropa

M2 Ein Gletscher als Touristenziel

Aufgaben

1 **Beschreibe die Oberflächengestalt Nordeuropas.**

2 **Nenne die Oberflächenformen,**
– die das Ergebnis der Abtragung durch das Eis sind und
– die durch Eis und Wasser entstanden sind.

Arbeitsheft

Eiszeitliche Abtragungsformen

Die Oberflächengestalt Nordeuropas ist eng mit der Vergletscherung des Gebietes während des Eiszeitalters verbunden. Weite Teile Nordeuropas gehören zum eiszeitlichen Abtragungsgebiet mit typischen, vom Eis geschaffenen Oberflächenformen.

Beim mehrfachen Vordringen des Inlandeispanzers schürfte das Eis mit seinem ungeheuren Gewicht die Landoberfläche ab. Die Bergspitzen des Skandinavischen Gebirges wurden zu sanft gerundeten Felskuppen (Rundhöcker) und zu einer Hochfläche (Fjell) abgeschliffen.

Vertiefungen im Gebirge schürfte das Eis zu Felswannen aus. Sie füllten sich beim Abschmelzen der Eismassen mit Wasser und bilden heute zahlreiche Seen.

Durch den Anstieg des Meeresspiegels um etwa 100 Meter wurden auch an den Küsten Teile der Rundhöckerlandschaft überflutet. Viele der Rundhöcker ragen heute als Inseln empor. Sie werden Schären genannt.

Eine weitere beeindruckende eiszeitliche Landschaftsform sind die Fjorde (M4).

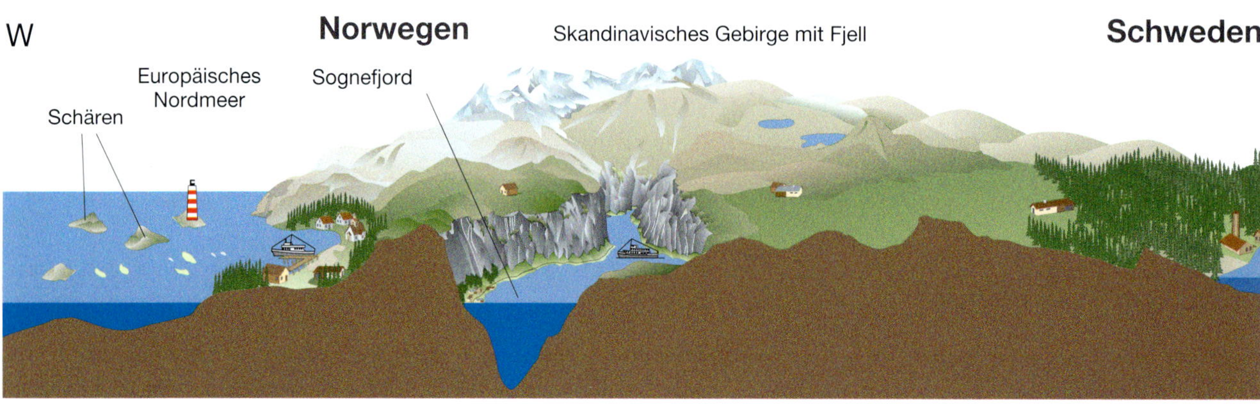

M3 Skandinavien – ein Landschaftsquerschnitt

Vor der letzten Eiszeit grub sich ein Fluss ein tiefes Tal in das Gestein.

Nach der Eiszeit taute der Gletscher ab. Flüsse und Seen durchzogen nun den Talboden.

Mit dem Schmelzwasser der Eismassen stieg der Meeresspiegel. Das Tal wurde vom Meer her überflutet. Ein Fjord entstand.

1857E_3

M4 Entstehung eines Fjords

M5 Hochgebirge mit Fjell am nördlichen Polarkreis

M6 Schären an der Küste Schwedens

Aufgabe

3 **Beschreibe mithilfe von M4 die Entstehung eines Fjords.**

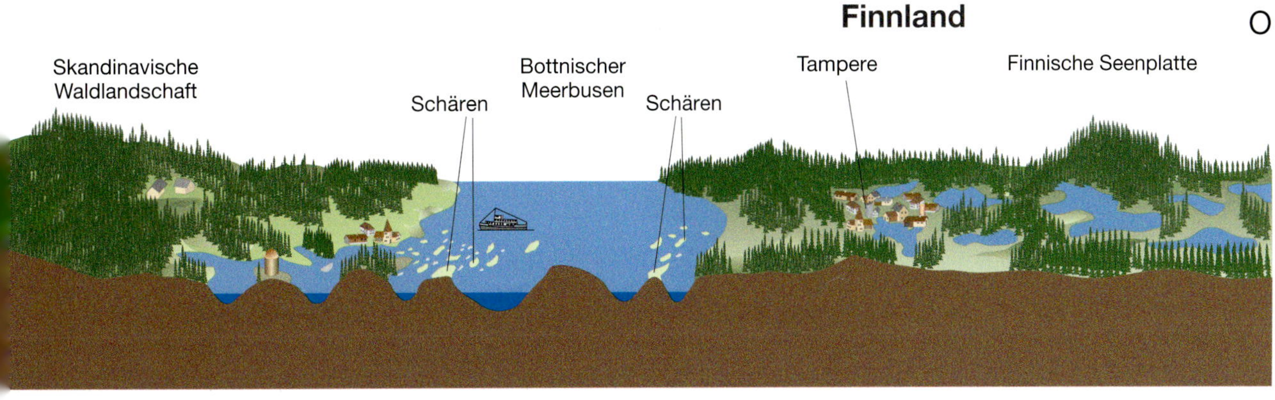

Leben und Wirtschaften in Nordeuropa

Mit dem Postschiff in Richtung Nordkap

M1 Im Sognefjord

Es ist der 21. Juni. Pünktlich um 9.00 Uhr legt das Postschiff in Bergen ab. Zwanzig Passagiere sind mit an Bord.

Das erste Ziel der Reise ist der Sognefjord. Bis dorthin durchfährt das Schiff ein Gewirr von vielen kleinen Schären. Die Einfahrt in den Fjord ist überwältigend schön. Die Felswände an den Seiten sind bis zu 1 000 Meter hoch. Nur ein schmaler Streifen entlang des Fjords ist teilweise besiedelt. Die Dörfer bestehen oft nur aus wenigen Häusern. Meist leben hier Fischer oder Bauern.

Das Schiff ist an der Küste und in den Fjorden das wichtigste Verkehrsmittel, denn die steilen Wände sind ein natürliches Hindernis für den Landverkehr. Regelmäßig fahren Postschiffe mit Gütern, Briefsendungen und Personen selbst in die entferntesten Winkel.

Nach sieben Tagen ist der Ort Honnigsvag in der Nähe des Nordkaps erreicht. Es ist inzwischen Mitternacht und immer noch taghell. Am nächsten Tag geht es mit dem Bus zum Nordkap, ein unvergessliches Erlebnis. Danach treten die Passagiere ihre Rückreise nach Bergen an.

Aufgaben

1 **Verfolge die Route des Postschiffes (Atlas) und erläutere dessen Bedeutung.**

2 **Erkläre, weshalb der Golfstrom als „Warmwasserheizung" bezeichnet wird.**

Der Golfstrom – Die „Warmwasserheizung" Europas

In strengen Wintern liegt die Ostsee unter einer dicken Eisschicht. Eisbrecher müssen eine Fahrrinne für Schiffe freihalten. Die nördlichsten norwegischen Atlantikhäfen wie Narvik aber sind eisfrei.

Bis weit in den Norden können Gemüse, Kartoffeln oder Obst angebaut werden. Die erforderliche Wärme liefert der Golfstrom, eine warme Meeresströmung. Westwinde nehmen die Wärme des Wassers auf, wehen über das Land und bescheren großen Teilen West- und Nordeuropas ein ungewöhnlich mildes Klima.

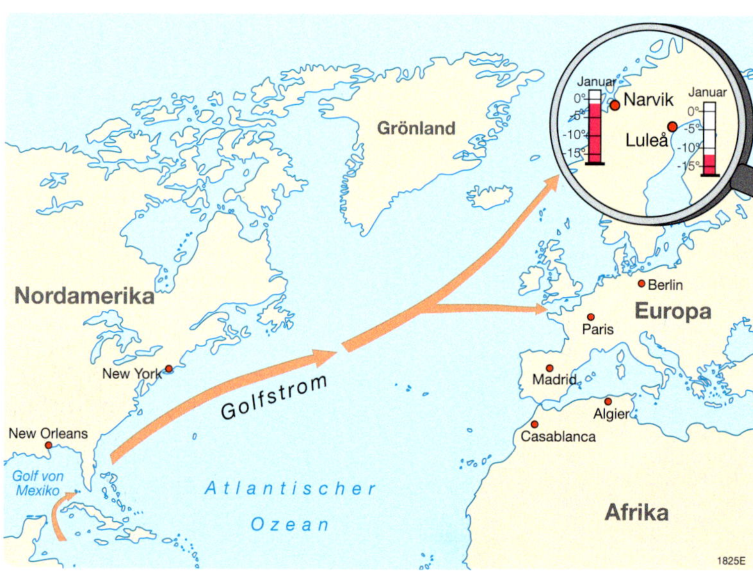

M2 Tromsø um 23 Uhr im Sommer (21. Juni)

M3 Tromsø um 14 Uhr im Winter (22. Dezember)

Sonne in der Nacht – Dunkelheit am Tag

Tromsø, 21. Dezember 2010

Liebe Anke,

gern denke ich an Deinen Besuch bei uns im Juni zurück. Erinnerst Du Dich noch, wie wir bis spät in die Nacht rumgetobt haben und die Sonne schien?

Nun ist ein halbes Jahr vergangen. Den ganzen Tag ist es dunkel, nur gegen Mittag dämmert es etwas am Horizont. Du wolltest wissen, warum wir diesen extremen Wechsel zwischen Licht und Dunkelheit haben? Die Erdachse ist um 23,5° geneigt. Deshalb bestrahlt die Sonne die beiden Erdhalbkugeln nicht gleich; im Sommer mehr die Nord- und im Winter mehr die Südhalbkugel. Dadurch herrschen in den Polargebieten Polartag oder Polarnacht. Je weiter Du Dich vom Polarkreis Richtung Pol bewegst (Entfernung: ca. 2600 Kilometer), desto länger dauern sie, von einem Tag bis zu einem halben Jahr. Nicht nur die Menschen haben ihr Leben darauf eingerichtet, sondern auch das Pflanzenwachstum und die Tierwelt mussten sich daran anpassen.

Viele Grüße sendet Dir Dein Björn

Aufgabe

3 **Vergleiche die Fotos (M2 und M3) und erkläre die Unterschiede.**

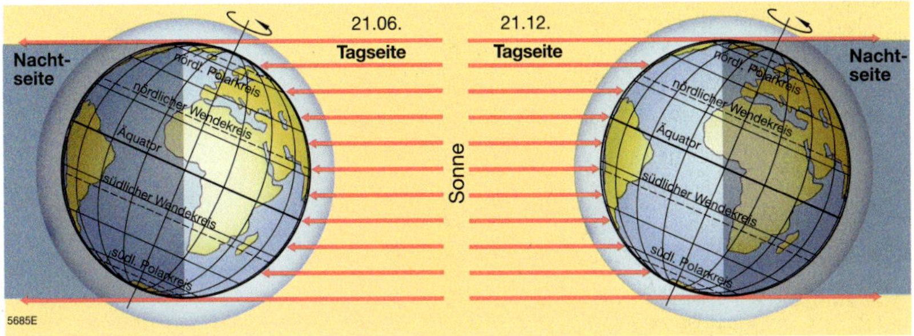

M4 Polartag und Polarnacht

	Dauer des Polartages*	Dauer der Polarnacht*
Nordpol	186 Tage	179 Tage
Kap Barrow (Alaska)	76 Tage	69 Tage
Inuvik (Kanada)	54 Tage	48 Tage
Polarkreis	1 Tag	1 Tag

* Aufgrund der unregelmäßigen Form der Erde ist es nicht genau ein halbes Jahr.

Landwirtschaft nördlich des Polarkreises

Januar	-14 °C	Juli	15 °C
Februar	-13 °C	August	11 °C
März	-9 °C	September	6 °C
April	-2 °C	Oktober	-1 °C
Mai	5 °C	November	-6 °C
Juni	11 °C	Dezember	-10 °C

M1 Temperaturen von Sodankylä

Zu Besuch bei Pentti Pekkanen: Er ist Landwirt und wohnt nördlich des Polarkreises bei Sodankylä. Hier bewirtschaftet er mit seiner Frau und seinem 30-jährigen Sohn einen sechs Hektar großen Hof, zu dem auch etwa 38 Hektar Wald gehören. Er hat zehn Milchkühe. Die Felder bestellt er mit Gräsern und Futtergetreide (Gerste). Kartoffeln werden für den Eigenbedarf angebaut. Der Wald stellt eine weitere Einnahmequelle dar.

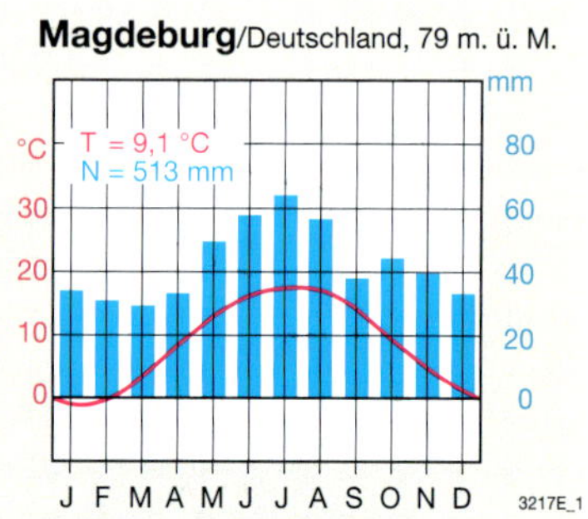

M2 Zum Vergleich: Klimadiagramm Magdeburg

Aufgaben

1 **Ordne die Klimastationen Sodankylä und Magdeburg in die entsprechende Klimazone ein (M1, M2, Atlas).**

2 **Vergleiche den Temperaturverlauf von Sodankylä und Magdeburg (M1, M2).**

3 **„Im Norden Finnlands bestimmen Temperatur und Licht das Wachstum der Pflanzen". Erkläre den Ausspruch des Landwirts Pekkanen.**

Landwirt Pentti Pekkanen erzählt

„Hier im Norden von Finnland bestimmen Temperatur und Licht das Wachstum der Pflanzen. Die Winter sind hier sehr lang und sehr kalt. Erst ab Mitte Mai klettert das Thermometer über 5 °C, sodass Bäume und Wildgräser wachsen können. Doch bereits Ende September ist die Wachstumszeit zu Ende. Dann ist von November bis April der Boden mit Schnee bedeckt.
Die meisten Kulturpflanzen brauchen mehr Wärme. Das ist auch der Grund dafür, dass wir Vieh halten und wenig Ackerbau betreiben. Lediglich die Gerste, die wir anbauen, reift in dieser kurzen Zeit. Sie ist eine besondere Züchtung. Unsere Wissenschaftler bemühen sich, durch Veredelung von Getreide- und anderen Nutzpflanzen Sorten zu züchten, die trotz einer kurzen Wachstumszeit gute Erträge bringen. Aber die Natur setzt uns Grenzen. Unerwartete Frostnächte, die selbst von Juni bis September auftreten können, vernichten die Saat oder die Ernte. Nur Gras ist nicht frostempfindlich."

Nordeuropas „grünes Gold“

Im Gegensatz zu den in Deutschland typischen Laub- und Mischwäldern findet man in den kühleren Gebieten Nordeuropas ausgedehnte Nadelwälder. Sie gehören zu der Zone des nördlichen Nadelwaldes. Hauptsächlich wachsen in dieser Zone Fichten und Kiefern. Vereinzelt sind auch Lärchen und Birken zu finden. Für die nordeuropäischen Länder stellen die Wälder einen großen Reichtum dar.

Das „grüne Gold“ ist in aller Welt gefragt und garantiert sichere Arbeitsplätze. So wird Holz für den Hausbau und die Möbelherstellung benötigt. Es dient zur Zellstoff- und Papiergewinnung und findet im Fahrzeug- sowie Schiffbau Verwendung. Vor allem aber wird Holz zu Zellulose (Zellstoff) verarbeitet. Dieser Grundstoff dient der Papierherstellung.

M3 Vegetations- und Anbaugrenzen

Vorausschauend handeln – nachhaltig wirtschaften

Durch den Einsatz moderner Maschinen wird der Holzeinschlag immer mehr gesteigert. Um den Holzreichtum aber auch in Zukunft zu garantieren, ist man an einer nachhaltigen Forstwirtschaft sehr interessiert.
Was ist damit gemeint? Nur die Bestände mit einem Alter von 80 bis 120 Jahren sowie kranke und schwache Bäume werden gefällt. Danach muss aufgeforstet werden. Das ist deshalb unbedingt notwendig, weil ein Baum in den kalten und nährstoffarmen Gebieten Nordeuropas fast 100 Jahre braucht, bis er einen Stammdurchmesser von 20 Zentimetern erreicht. In Deutschland dagegen benötigt der Baum für die gleiche Stärke nur 40 Jahre.

Aufgabe

4 Erläutere die Überschrift: Nordeuropas „grünes Gold“.

M4 Zellulose- und Papierfabrik Kuusanniemi (Finnland)

Im eiszeitlichen Ablagerungsgebiet

Eiszeiten – Spuren im Tiefland

Aufgaben

1 Beschreibe die Entstehung der Oberflächenformen im eiszeitlichen Ablagerungsgebiet.

2 Welche Formen wurden durch das Eis geschaffen, welche durch das Schmelzwasser und welche durch den Wind?

Arbeitsheft

Das Gesteinsmaterial, das die gewaltigen Gletscher im Skandinavischen Gebirge abtrugen, wurde in mehreren Eisvorstößen nach Süden verfrachtet und abgelagert (M2).

Das heutige Mitteleuropäische Tiefland war mehrmals von einem Eispanzer bedeckt, der über 3 000 Meter hoch ragte. Dieser zerrieb und zerkleinerte das unter ihm liegende Gestein. Dort blieb es nach dem Abtauen liegen. So entstanden die Grundmoränen, die flach, flachwellig oder kuppig sind. In den Vertiefungen der Grundmoränen haben sich Seen gebildet.

Endmoränen wurden am Eisrand aufgeschüttet. Alles, was im Eis eingefroren war, blieb als Wall aus Sand, Kies und größeren Steinen liegen. Endmoränen sind hügelig und haben zum Teil steile Hänge. Das abfließende Schmelzwasser spülte aus den Endmoränen Kiese und Sande aus und lagerte diese großflächig als ebene bis wellige Sander wieder ab.
Das Schmelzwasser sammelte sich in großen Urstromtälern. Dieses floss schließlich den Eisrand entlang nach Nordwesten ab.
Die Aufeinanderfolge der Oberflächenformen Grundmoräne, Endmoräne, Sander und Urstromtal wird als glaziale Serie bezeichnet (M2, M3).

M1 Ablagerungsformen im mitteleuropäischen Tiefland (Ausschnitt)

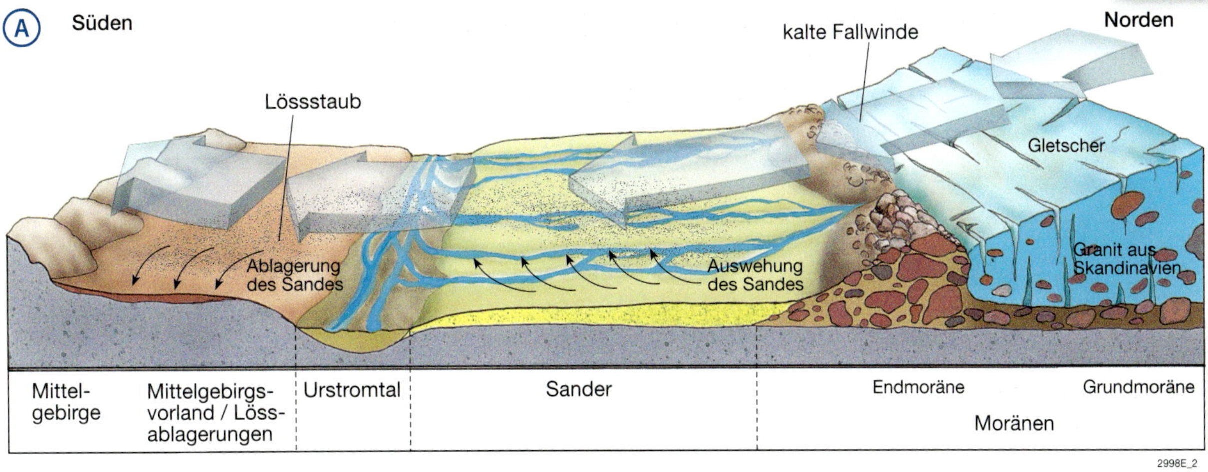

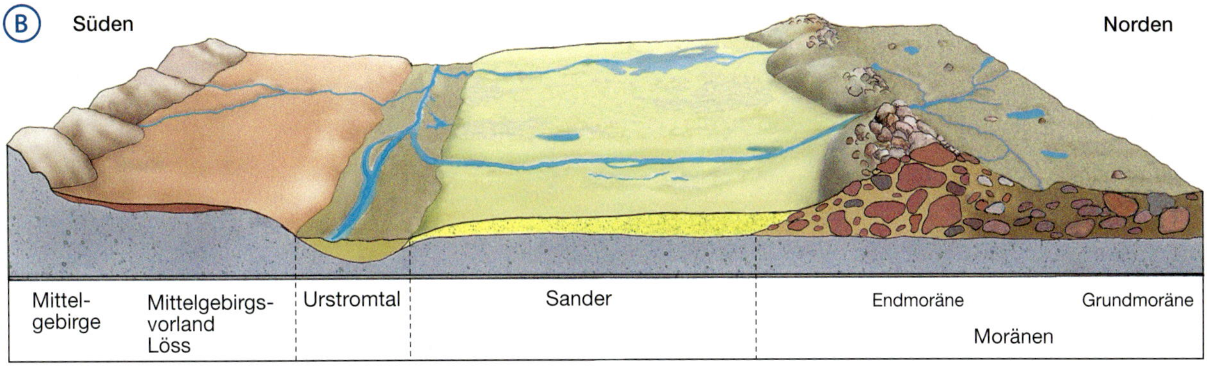

M2 Tiefland Ⓐ während der Eiszeit und Ⓑ nach der Eiszeit

M3 Oberflächenformen der glazialen Serie im Mitteleuropäischen Tiefland

Vielfältige Nutzung

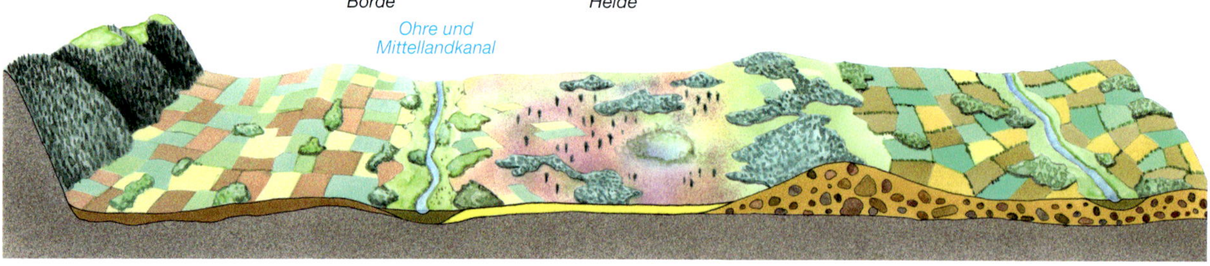

M1 Die glaziale Serie heute

Glaziale Serie	Urstromtal	Sander	Endmoräne	Grundmoräne
Relief	flaches Tal	flach	deutlich hügelig	flachwellig
Ablagerungen	Auelehm, Sand	Sand, Kies	Sand, Lehm mit Steinen und Findlingen	Lehm mit Steinen und Findlingen
Eignung	fruchtbar, aber nass	trocken, wenig fruchtbar	Steine und Hangneigung erschweren landwirtschaftliche Nutzung	zumeist fruchtbar
typische Nutzung	Viehhaltung auf Wiesen/Weiden	Kartoffeln, Gerste, Spargel, Kiefernforste	Laub-/Nadelwald, Wiesen/Weiden, Ackerbau auf nicht zu steilen Hängen	überwiegend Ackerbau, Lesesteinwälle begrenzen Felder, Wiesen/Weiden

M2 Eigenschaften und landwirtschaftliche Nutzung der glazialen Serie heute

www.gesteinsgarten.de

Aufgaben

1 Beschreibe die Nutzung der Teile der glazialen Serie.

2 Findlinge im Tiefland Europas sind Zeugen der Eiszeit. Erkläre.

Arbeitsheft

M3 Der Bismarckstein bei Altentreptow, ein Findling

M4 Besucher erkunden einen Findlingsgarten

Der Geopark Mecklenburgische Eiszeitlandschaft

Im eiszeitlichen Ablagerungsgebiet Deutschlands gibt es zahlreiche Geoparks.
Der Geopark Mecklenburgische Eiszeitlandschaft im Südosten des Bundeslandes Mecklenburg-Vorpommern bietet die Möglichkeit, eiszeitliche Formen selbst zu erkunden: Endmoränenhöhenzüge, Seen und Urstromtäler.

Die Spuren des Eises werden für den Besucher in Aktionszentren erlebbar gemacht. Darunter sind ein Eiszeitlehrpfad oder die Gesteinssammlung im „Müritzeum" in Waren sowie mehrere Findlingsgärten.
Als Findlinge werden sehr große Steine bezeichnet, die mit dem Inlandeis hierher transportiert wurden (M3).

www.geopark-mecklenburgische-eiszeitlandschaft.de/

www.eiszeitland-am-oder-rand.de/geopark

M5 Geopark Mecklenburgische Eiszeitlandschaft – Eiszeitroute

geopark mecklenburgische eiszeitlandschaft

Aufgaben

3 **Informiere dich über den Geopark im Internet.**

4 **Erkunde in der Umgebung deines Schulortes eiszeitliche Formen. Erkläre ihre Entstehung.**

In der Colbitz-Letzlinger Heide

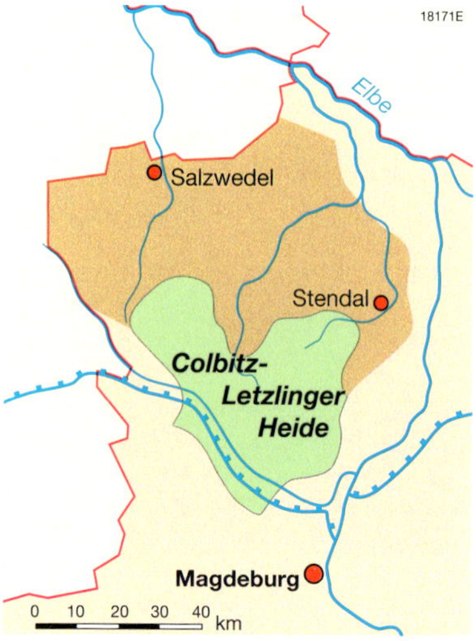

M1 Die Colbitz-Letzlinger Heide

Wir fahren in die etwa 40 Kilometer nördlich von Magdeburg gelegene Colbitz-Letzlinger Heide. Sie ist eine Sanderfläche und gehört zum Südlichen Landrücken.

Das Landschaftsbild prägen große Kiefernbestände und Mischwälder. Im Spätsommer gibt das violett blühende Heidekraut der Landschaft noch einen besonderen Reiz.

Die Colbitz-Letzlinger Heide ist sehr dünn besiedelt. Lange Zeit war sie das Jagdgebiet der preußischen Könige. Siedler versuchten immer wieder, dem Wald Ackerland abzuringen, ohne großen Erfolg.

Bis in die heutige Zeit wird ein Teil der Heide als Truppenübungsplatz der Bundeswehr genutzt.

Besonderheiten: Lindenwald und gutes Trinkwasser

Die Colbitz-Letzlinger Heide hat einige Besonderheiten zu bieten. In der Nähe des Dorfes Colbitz wächst der größte geschlossene Lindenwald Europas. In seiner Nähe befindet sich das Wasserwerk Colbitz.

Das mithilfe zahlreicher Brunnen gewonnene Wasser hat eine ausgezeichnete Qualität. Hauptsächlich die Bevölkerung von Magdeburg und Umgebung wird mit Wasser aus der Heide versorgt.

Aufgabe

1 Beschreibe die Lage der Colbitz-Letzlinger Heide und ihre Nutzung.

M2 Krokodil Theophil, der Liebling der jüngeren Besucher des Wasserwerkes Colbitz. Seit 30 Jahren hat das Krokodil sein Zuhause in einem Terrarium des Wasserwerkes.

M3 In einer Heidelandschaft

M4 Schiffshebewerk Niederfinow

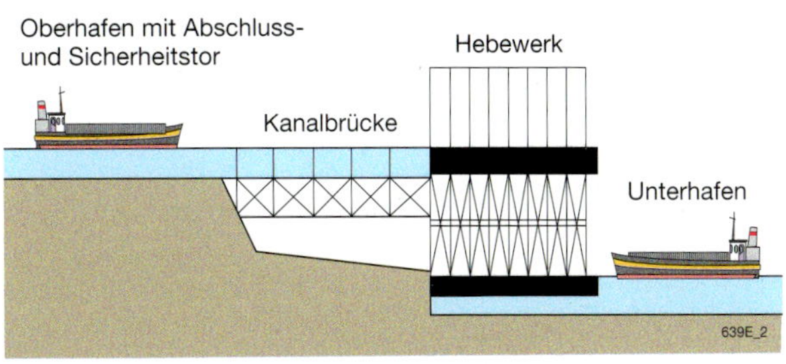

M5 Grafik Schiffshebewerk

Urstromtäler sind wichtige Verkehrswege

In den Urstromtälern flossen die Schmelzwässer des Inlandeises vorwiegend nach Nordwesten in die damals eisfreie Nordsee ab. Die Elbe und die Oder folgen noch heute alten Urstromtälern.

Beide Flüsse sind über mehrere Kanäle miteinander verbunden. Dabei müssen teilweise Höhenunterschiede von über 30 Metern überwunden werden. Das erfolgt mithilfe von Schleusen oder Schiffshebewerken (M5).

Aufgaben

2 **Berichte über die Bedeutung von Kanälen.**

3 **Nenne bedeutende Kanäle in Deutschland (Atlas).**

4 **Beschreibe, wie Schiffe Höhenunterschiede überwinden.**

Kanalbrücke des Wasserstraßenkreuzes Magdeburg

Das Wasserstraßenkreuz Magdeburg

Auch der Mittellandkanal folgt zu großen Teilen einem alten Urstromtal. Bis 2003 konnten die Schiffe, die z. B. aus dem Ruhrgebiet kamen, nicht direkt die Elbe überqueren, um in den Elbe-Havel-Kanal zu gelangen. Sie mussten den Mittellandkanal verlassen.
Über das Schiffshebewerk Rothensee bei Magdeburg gelangten sie in die Elbe und mussten elbabwärts einen zwölf Kilometer langen Umweg fahren.
Seit 2003 überspannt die weltgrößte Trogbrücke die Elbe. Sie ermöglicht eine durchgängige und ganzjährige Schifffahrt.

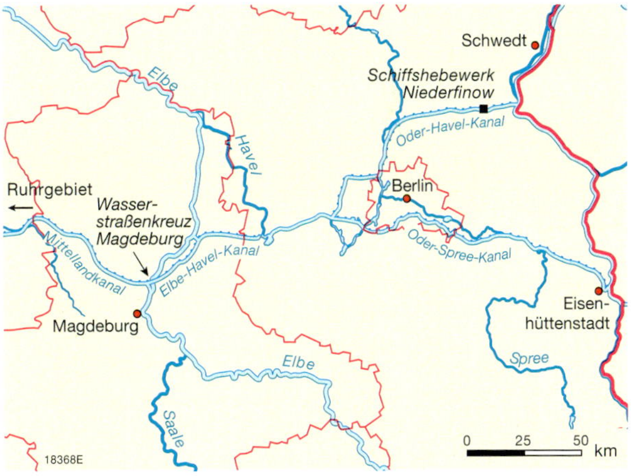

M6 Das Wasserstraßennetz zwischen Elbe und Oder

www.schiffshebewerk-niederfinow.de

www.tourismus-magdeburg.info/wasserstraßenkreuz-magdeburg

METHODE

Sich auf eine Reise vorbereiten

So gehst du vor

1. Suche den Reiseverlauf auf einer Atlaskarte auf.
2. Fertige zum Reiseverlauf eine Kartenskizze an. Orientiere dich an der Schrittfolge auf Seite 24.
3. Informiere dich über das Klima in der Reisezeit (wichtig für das Einpacken entsprechender Kleidung).
4. Bestimme die Länder, die ihr bereisen werdet und informiere dich über die Währung, falls ihr Geld tauschen müsst.
5. Informiere dich über Einreisebestimmungen (wird nur der Ausweis gebraucht oder ein Pass oder ein Visum).
6. Informiere dich z. B. über Sehenswürdigkeiten.

Im Reisebüro

Im Reisebüro wird deinen Eltern eine Kreuzfahrt auf der Ostsee angeboten.
Der Reiseverlauf wird ausgedruckt. Zu Hause angekommen, befasst ihr euch näher mit dem Reiseverlauf, der Reisezeit und damit, welche Städte in welchen Ländern angelaufen werden und was ihr alles während der Kreuzfahrt erleben könnt.

Wo du dich über eine Reise informieren kannst:

- Reisebüro
- Reiseführer
- Reisekataloge
- Internet

Aufgabe

1 **Sammle Informationen zu den Stationen der Reise (M1).**
Arbeitsheft

STOCKHOLM
Land: *Schweden*
Sehenswürdigkeiten: ______

HELSINKI
Land: *Finnland*
Sehenswürdigkeiten: ______

KOPENHAGEN
Land: *Dänemark*
Sehenswürdigkeiten: ______

ST. PETERSBURG
Land: *Russland*
Sehenswürdigkeiten: ______

WARNEMÜNDE
Land: *Deutschland*
Sehenswürdigkeiten: ______

DANZIG
Land: *Polen*
Sehenswürdigkeiten: ______

TALLINN
Land: *Estland*
Sehenswürdigkeiten: ______

M1 Reiseplan – Stationen einer Reise

Gewusst – gekonnt

ALLES KLAR

1 Foto-Rätsel

Ordne die vier Fotos folgenden Bildunterschriften zu:
a) Im Norddeutschen Tiefland
b) Am nördlichen Polarkreis
c) Schärenküste
d) In der Nadelwaldzone

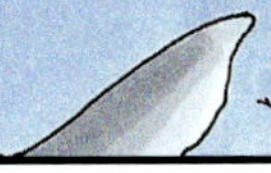

2 Eiszeit-Rätsel

Übertrage das Rätsel in dein Heft und löse es. Nutze auch Nachschlagewerke.

1 große Eismassen
2 Tätigkeit des Eises im Norden
3 Ablagerungsformen
4 aus dem Norden transportierter Stein
5 vom Eis geformte Hochfläche
6 mit Meerwasser gefülltes Tal

Lösung SANDER

1		L							
2	A		T						G
3	M			Ä			N		
	4								
		5					L		
	6		J						

Arbeitsheft

– den Zusammenhang zwischen Abtragung, Transport und Ablagerung durch Inlandeis erklären,
– die entstandenen Oberflächenformen und deren Nutzung beschreiben.

Du kannst dabei folgende Fachbegriffe anwenden:
Eiszeitalter, Gletscher, Fjord, Polarkreis, glaziale Serie

Hochgebirgslandschaft Alpen

M1 Gliederung der Alpen

M2 Alpenvorland und Alpen

Aufgaben

1 **Nenne Merkmale von Hochgebirgen.**

2 **Vergleiche die Oberflächenformen von Hochgebirgen mit denen von Mittelgebirgen.**

Arbeitsheft

Die Alpen sind Europas größtes und höchstes Gebirge. Sie bilden eine natürliche Grenze zu Südeuropa. Von Genua bis in die Nähe von Wien ziehen sie sich in einem großen Bogen über eine Länge von über 1 000 Kilometern. Die Alpen gehören zu einem gewaltigen Hochgebirgsgürtel, der sich durch den Süden Europas bis weit nach Asien erstreckt.

Als Hochgebirge werden Gebirge mit Höhen über 1500 Meter bezeichnet. Sie weisen schroffe, steil aufragende Felswände, tief eingeschnittene Täler und scharfkantige, zerklüftete Berggipfel auf.

Die höchsten Gipfel der Alpen sind ganzjährig mit Schnee und Eis bedeckt. Der Montblanc ist mit 4 807 Meter der höchste Berg Europas. Er ist einer der zahlreichen Viertausender in den Alpen.

M3 Das Matterhorn (Schweiz)

Staat	Fläche (in km²)	Alpenanteil (in km²)
Österreich	84 000	60 000
Italien	301 000	55 000
Frankreich	544 000	35 000
Schweiz	41 000	25 000
Deutschland	357 000	7 000
Slowenien	20 300	7 000
Liechtenstein	160	160

M4 Überblick über die Alpenländer

M5 Lawinenabgang in den französischen Alpen

M6 Touristen auf der Zugspitze (Deutschland)

M7 Speichersee zur Stromerzeugung bei Kaprun (Österreich)

Herausforderung für die Menschen

Die Alpen stellen seit jeher enorme Anforderungen an die Menschen. Das ganze Jahr muss mit rasch wechselndem Wetter gerechnet werden. In den Wintermonaten sind ganze Gebirgsregionen kaum zugänglich, hinzu kommt die Lawinengefahr. Auch Steinschläge, Erdrutsche und Hochwasser gefährden das Leben in den Hochgebirgsregionen.

Um das Gebirge zu durchqueren, mussten enorme Schwierigkeiten überwunden werden. Der Bau von Straßen, Brücken, Schutzanlagen und Tunneln ist eine technische Meisterleistung.

Die Nutzung des Hochgebirgsraumes ist vielfältig. Tourismus, die Energiegewinnung und Wasserbereitstellung spielen dabei eine wichtige Rolle. Dabei entstehen aber auch Probleme, die gelöst werden müssen.

M8 Passstraße am St. Gotthard (Schweiz)

Aufgabe

3 Beschreibe die Herausforderungen, die das Hochgebirge an die Menschen stellt.

www.helles-koepfchen.de
Suchworte: Hochgebirge, Alpen

Die Alpen – ein Gebirge aus dem Meer

Aufgaben

1 **Beschreibe die Entstehung der Alpen (Text und M3).**

2 **Experiment: Legt mehrere Tücher auf einem Tisch aufeinander. Die Tücher sollen die Gesteinsschichten darstellen. Schiebt sie von beiden Seiten her zusammen. Beschreibt eure Beobachtung.**

Phasen der Entstehung des Gebirges

Phase 1

Dort, wo heute die Alpen liegen, war vor vielen Millionen Jahren zuerst Festland. Später wurde der Raum von einem riesigen, flachen Meer überflutet. In ihm lebten viele Arten von Muscheln, Korallen und Fischen.
Flüsse transportierten über Millionen Jahre Steine, Kies, Sand und Schlamm in das Meer. Unter dem hohen Druck bildeten sich aus den Ablagerungen mächtige Schichten aus Sand- und Kalkstein. Diese Gesteinspakete lagen zunächst waagerecht.

Phase 2

Die afrikanische Landmasse begann sich auf die mitteleuropäische zuzubewegen. Das Ur-Mittelmeer wurde dabei immer weiter eingeengt. Durch den seitlichen Druck wurden die Gesteinsschichten auf dem Meeresgrund zusammengeschoben und gefaltet. Einige Faltenrücken ragten über die Wasseroberfläche.

Phase 3

Durch weiteren Druck der afrikanischen Landmasse gegen die mitteleuropäische wurden Gesteinspakete schräg gestellt. Manche schoben sich sogar übereinander. Die Heraushebung der Alpen durch erdinnere Kräfte begann.

M1 Schräg gestellte und gefaltete Gesteinsschichten in den Alpen

Phase 4

In Millionen Jahren wurden die Alpen als Hochgebirge emporgehoben, am stärksten in den Zentralalpen.
Gleichzeitig begann die Abtragung des Gebirges durch erdäußere Kräfte. Hebung und Abtragung der Alpen dauern bis heute an.

M2 Versteinerung

Phase 1: Vor 100 Millionen Jahren

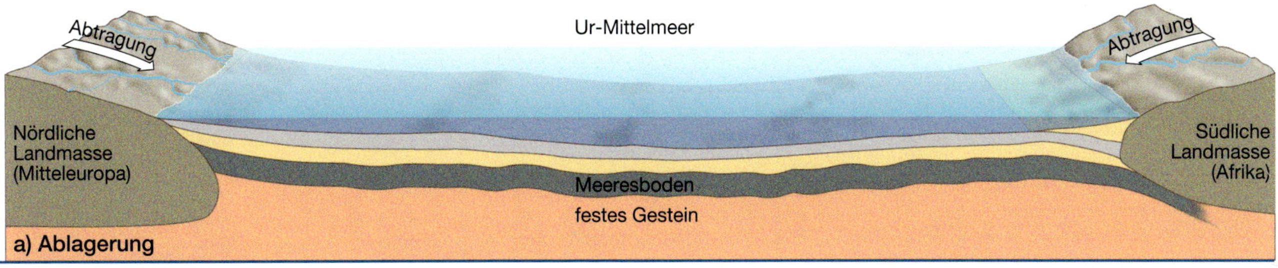

Phase 2: Vor 80 Millionen Jahren

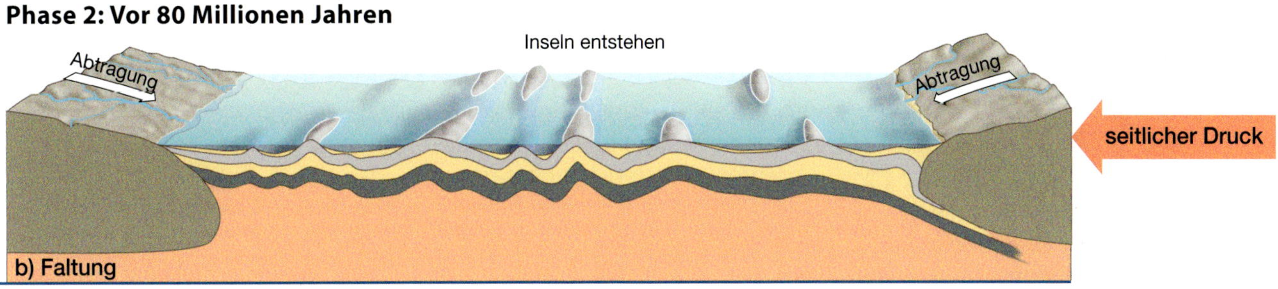

Phase 3: Vor 50 Millionen Jahren

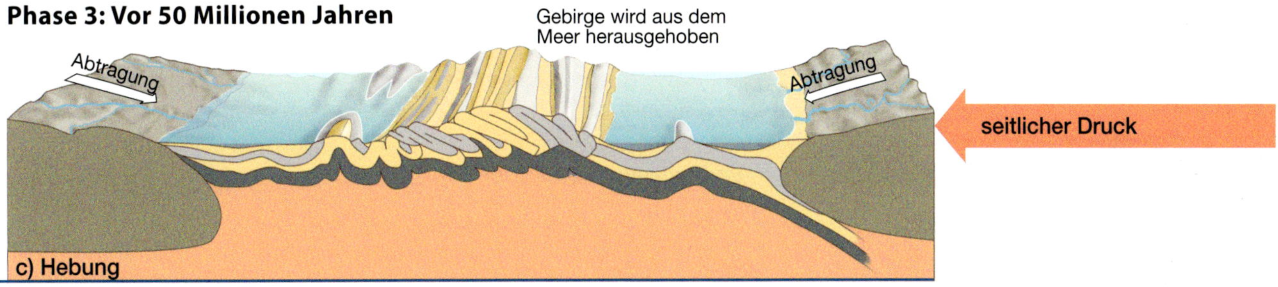

Phase 4: Vor 10 Millionen Jahren bis heute

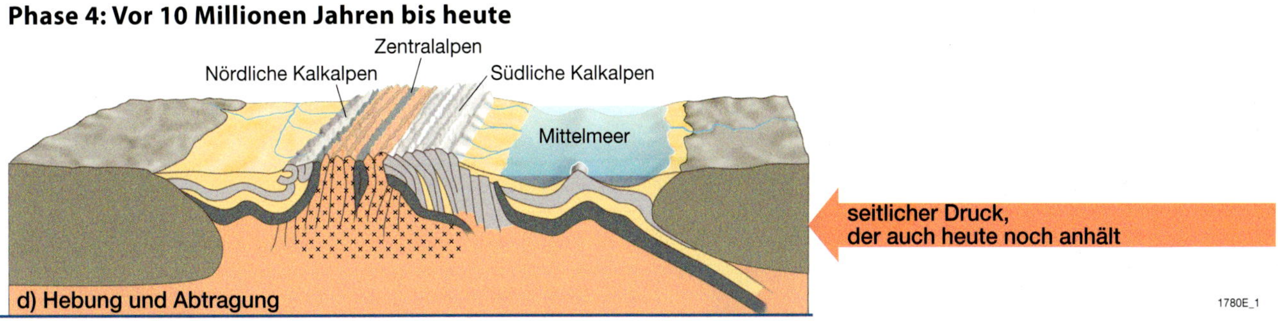

- Sand, Steine, Ton
- Muschelkalkablagerungen aus abgestorbenen Meerestieren
- Durch hohen Druck und hohe Temperaturen umgewandelte Gesteine

M3 Phasen der Entstehung der Alpen

M1 Überquerung eines Gletschers

Von Gletschern überformt

Aufgaben

1 **Beschreibe, wie die Gletscher die Alpen überformt haben.**

2 **Erläutere, welche Folgen das zunehmende Abschmelzen der Alpengletscher für Natur und Mensch haben wird.**

3 **Informiere dich über Ötzi im Internet.**

Info

Wenn Gletscher abschmelzen, leiden Natur und Mensch

- Felswände und Moränenschutt werden vom Gletschereis nicht mehr gehalten. Erdrutsche, Fels- und Bergstürze können Alpendörfer und Verkehrswege bedrohen.
- Der Gletscher auf der Zugspitze wird jeden Sommer mit einer Plane abgedeckt, um das Abschmelzen aufzuhalten.
- Sommerskilauf auf Gletschern wird kaum noch möglich sein.

In den Eiszeiten bedeckten mehrere Hundert Meter mächtige Gletscher auch weite Teile der Alpen und des Alpenvorlandes. Diese schoben sich langsam aus den Hochlagen durch die Täler bis ins Vorland. Auf ihrem Weg talwärts bearbeiteten die Gletscher die Gesteinsmassen des Untergrundes: Gesteinsbrocken vermischten sich mit dem Eis, wurden aneinander gerieben, schliffen die Oberfläche des Untergrundes ab und legten diese tiefer.

Die vorher engen Flusstäler wurden tief und breit ausgeschürft. Sie heißen Trogtäler oder nach der Form des Tales auch U-Täler. Von den Gletschern der Eiszeiten ist nicht viel übrig geblieben. Heute sind noch etwa 4 000 kleinere und größere Gletscher zu finden. Aber diese bedecken nur noch einen sehr geringen Teil der Alpen. Sie schmelzen zudem immer weiter ab und geben dabei „Geheimnisse" frei (vgl. Ötzi).

Ötzi – der Mann aus dem Eis

Vor etwa 5 300 Jahren war ein Mann in den Ötztaler Alpen wohl mit schadhafter Ausrüstung und ohne Proviant unterwegs.
In eisiger Höhe ereilte ihn der Tod. Unvorstellbar lange Zeit später wird er als gefriergetrocknete Mumie geborgen und unter dem Kosenamen „Ötzi" weltweit bekannt. Am 19. September 1991 gab das Gletschereis wieder frei, was es Jahrtausende konserviert hatte – nicht nur den Körper des Mannes, sondern auch seine Ausrüstungsgegenstände und Teile seiner Kleidung. Diese erzählen uns vom Leben in der Jungsteinzeit.
Ötzi war für das Leben im Hochgebirge wie folgt ausgerüstet: Ein knielanger Fellmantel schützte ihn gegen Wind und Kälte. Bei Regen und Schnee legte er einen kunstvoll geflochtenen Grasmantel um seine Schultern. Auf diese Weise perlten die Tropfen ab.
Die Bärenfellmütze schützte vor der Kälte. Auch die Schuhe waren raffiniert konstruiert und ideal für lange Wanderungen durch unwegsames Gelände.

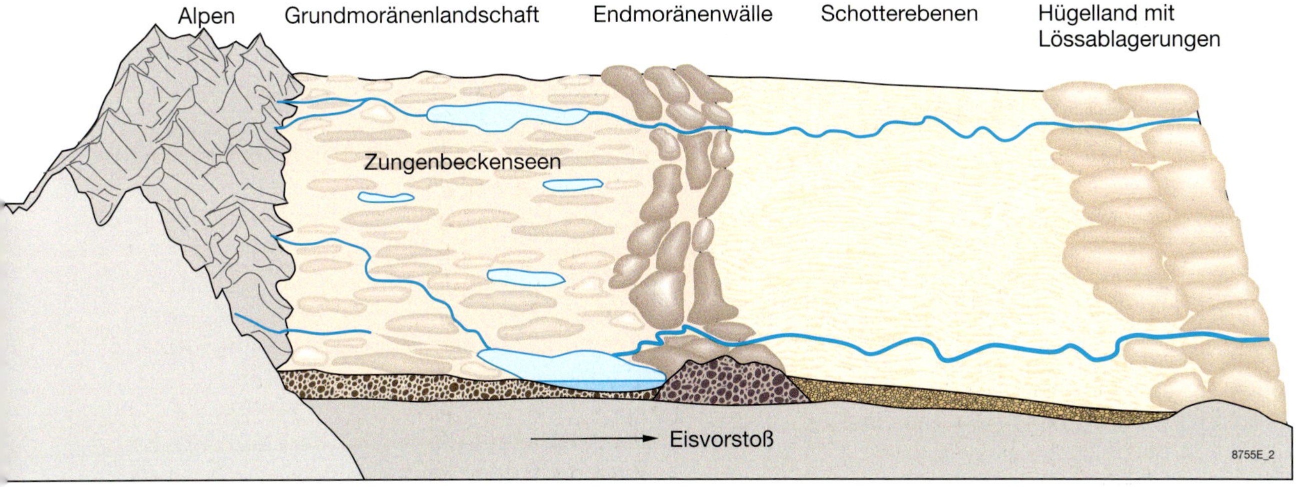

M2 Glaziale Serie im Alpenvorland

Alpenvorland – ein Ablagerungsgebiet

Die Oberfläche des Alpenvorlandes entstand ähnlich wie die des Norddeutschen Tieflandes. Während der Eiszeiten drangen aus den Alpentälern Gletscher vor. Unter ihnen sammelten sich viele Gesteinsbrocken, Sand und Ton an. Nach dem Abtauen des Eises blieb dieser Gesteinsschutt als Grundmoräne liegen. In den von den Gletschern geschaffenen Becken bildeten sich vielfach Seen aus, wie der Chiemsee, der Bodensee oder der Starnberger See.

Vor den Gletscherzungen wurden Endmoränenwälle aufgebaut. Die Schmelzwässer durchflossen diese Barriere und schütteten davor Schotterebenen aus Kies und Sand auf. Der Wind wehte feinen Staub aus den Moränen und Schotterflächen aus und lagerte ihn in dem nördlich gelegenen Hügelland ab. Es bildete sich eine mächtige Lössschicht.

Aufgabe

4 **Vergleiche die Oberflächenformen des Alpenvorlandes mit denen im Norddeutschen Tiefland. Beschreibe ihre Entstehung.**

M3 Starnberger See

M4 Lössgebiet bei Plattling

Leben und Wirtschaften in den Alpen

Einsames, einfaches Leben auf der Alm

Frau Holzer lässt im Sommer alles hinter sich und steigt hinauf auf die Alm. Die Annehmlichkeiten des modernen Lebens bleiben unten im Tal: Strom hat sie ebenso wenig im Haus wie fließendes Wasser. Arbeit gibt es hier oben mehr als genug in den dreieinhalb Monaten des Almsommers. Die Kühe wollen gemolken und die Milch verarbeitet sein. Gleich nach dem Frühstück beginnt die langwierige Arbeit des Käsemachens.
Die Almwirtschaft hat sich in den letzten Jahren stark verändert. Milchkühe stehen immer weniger auf den Almweiden. Heute werden oft nur die Jungtiere, das sogenannte Galtvieh, hinaufgetrieben. Damit sind die meisten Almen eine Art Sommerfrische für den Nachwuchs, der im rauen Klima robuster gegen Krankheiten werden soll.

(Nach Zeitungsmeldungen)

M1 Rast an einer Almhütte

M3 Fertig zum Almabtrieb

Almwirtschaft

In den Alpen haben sich die Bergbauern mit ihrer Wirtschaftsweise an die verschiedenen Höhenstufen angepasst. Viele von ihnen betreiben in den höheren Lagen Almwirtschaft.
Zu Sommerbeginn treiben die Bergbauern ihre Kühe auf die Hochalmen, wo diese den ganzen Sommer über bleiben. Ende September, Anfang Oktober erfolgt dann der Almabtrieb.

Die Bergbauern können von der Landwirtschaft allein nicht mehr leben. Deshalb vermieten sie Zimmer an Gäste oder arbeiten nebenher in anderen Berufen. Einige haben auch ihre Höfe aufgegeben und sind weggezogen. Die Spuren kann man deutlich in der Landschaft sehen: Hänge werden nicht mehr abgemäht und verwildern.

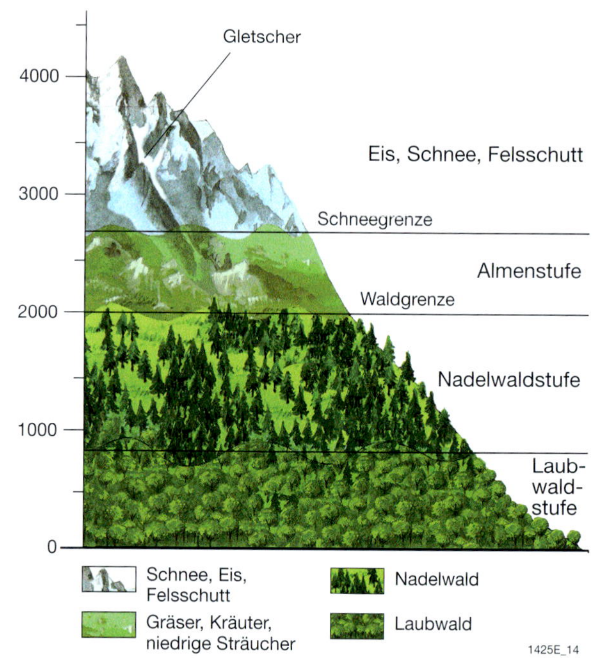

M2 Höhenstufen in den Alpen

Aufgaben

1 **Leben und Wirtschaften auf einer Alm haben sich verändert. Erkläre.**

2 **Informiere dich über das Fest zum Almabtrieb (M3, Internet).**

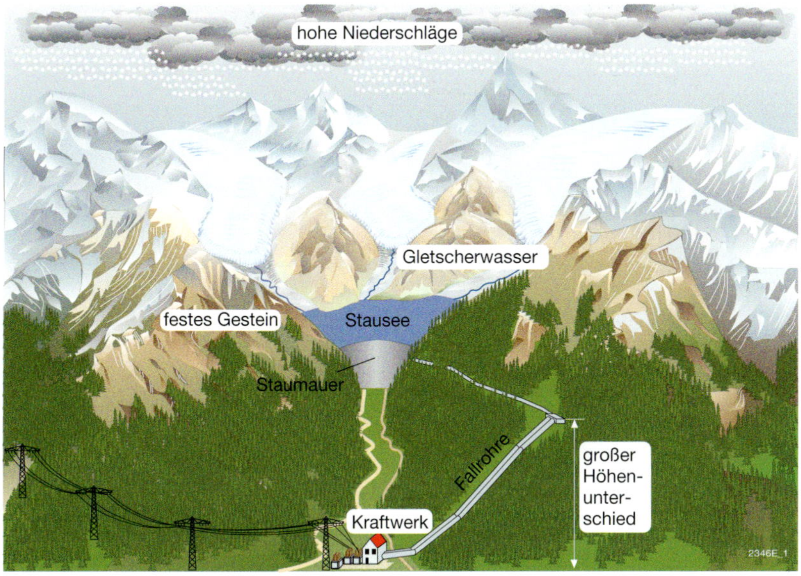

M4 Voraussetzungen für den Bau eines Speicherkraftwerkes

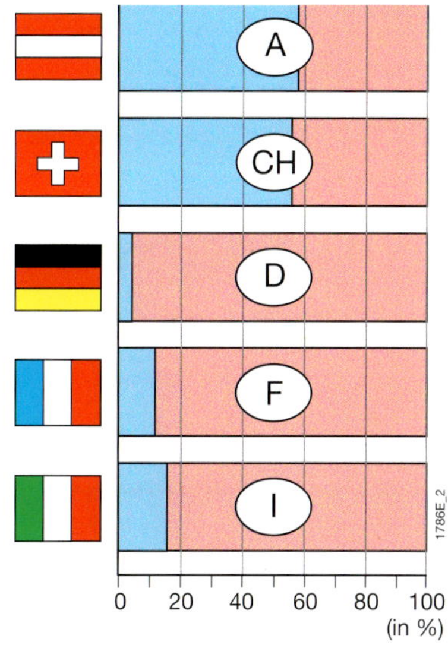

M5 Anteil der Wasserkraft (blau) an der Stromerzeugung

Alpenwasser – ein kostbarer Schatz

In den Alpen fallen reichlich Niederschläge. Viel Wasser ist auch in Schnee und Eis gespeichert. Oft hört man den Ausspruch: Die Alpen sind das „Wasserschloss" Europas.

Das Alpenwasser wird von den Menschen vielfach genutzt. Es dient vor allem der Wasserversorgung der Bevölkerung und der vielen Touristen in den Alpenländern.
Auch viele Menschen in den Vorländern erhalten Trinkwasser aus den Alpen. In Frankreich, Norditalien und Süddeutschland werden große landwirtschaftliche Flächen mit Alpenwasser bewässert.

Seit einigen Jahren setzen in vielen Teilen der Alpen die Betreiber von Skipisten im Winter zum Beschneien der Hänge Schneekanonen ein. Diese verbrauchen pro Jahr so viel Wasser wie eine Stadt mit einer Million Einwohnern.

Die größte Bedeutung hat das Alpenwasser für die Stromerzeugung. Schon früh haben die Bewohner der Alpen die Flüsse aufgestaut und an diesen kleine Elektrizitätswerke errichtet (M6).
Später begann man, das Regenwasser und das Schmelzwasser der Gletscher in großen Stauseen aufzufangen. Heute gibt es in den Alpen mehr als 500 Großkraftwerke und Tausende Klein- und Kleinstkraftwerke.

M6 Flusslaufwerk

Aufgabe

3 Begründe den Anteil der Wasserkraft an der Stromerzeugung der Alpenländer. Werte dazu auch M5 aus.

Aufgaben

1 Erläutere, warum die Alpen ein bedeutender Verkehrsraum sind.

2 Ein Pkw fährt auf dem kürzesten Weg von Mailand nach Zürich. Nenne Tunnel, die er durchfahren wird (M1, M3 und Atlas)!

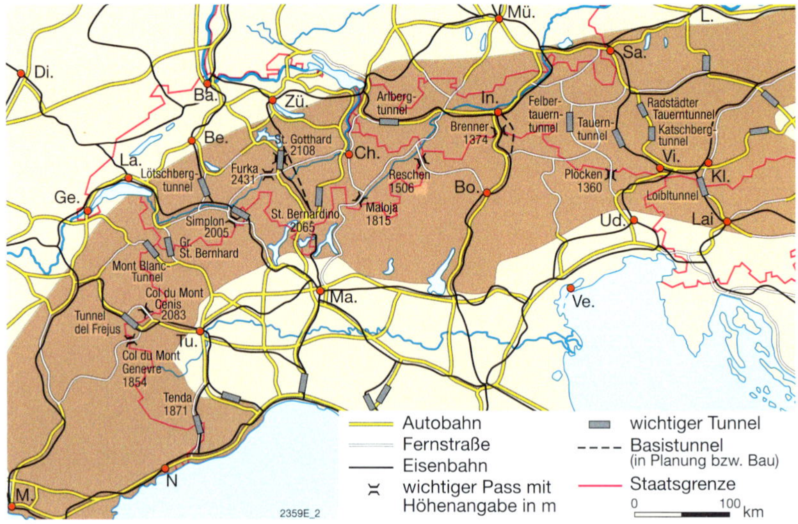

M1 Verkehrswege durch und über die Alpen

Die Alpen – ein bedeutender Verkehrsraum

M2 Ein „durchlöcherter" Berg

Die Alpen sind der am häufigsten besuchte Hochgebirgsraum der Welt. Pro Jahr verbringen etwa 40 Millionen Menschen ihren Sommer- oder Winterurlaub in den Alpen. Hinzu kommen noch einmal 60 Millionen Wochenendurlauber.

Für den Transport von Personen und Gütern wurden Passstraßen gebaut, Brücken errichtet, Tunnel in den Fels getrieben und Eisenbahnlinien angelegt.

Heute erreichen die Reisenden selbst die entferntesten Täler innerhalb der Alpen.
Bedingt durch ihre Lage mitten in Europa stellen die Alpen für Reisende und den Gütertransport auch eine natürliche Barriere dar. Der Durchgangsverkehr (Transit) von Mittel- nach Südeuropa und umgekehrt wird dadurch stark beeinflusst.

Zu Staus an den Alpentunneln kommt es regelmäßig, wenn nördlich des Gebirges die Ferien beginnen.
Fahrzeugkolonnen aus Personenwagen und Lastkraftwagen stauen sich manchmal kilometerweit.

Lärm und Abgase sind dann besonders für die Bewohner der Alpentäler und die Natur eine große Belastung.

Ausgewählte Alpenübergänge	Passhöhe	Tunnellänge	
Pass oder Tunnel		Straßentunnel	Eisenbahntunnel
Montblanc-Tunnel	–	11,6 km	–
Großer St. Bernhard	2 469 m	5,8 km	–
St. Gotthard	2 108 m	16,3 km	15,0 km
Arlbergtunnel	1 793 m	14,0 km	10,2 km
Reschen	1 506 m	–	–
Brenner	1 374 m	–	–
Felbertauerntunnel	–	5,2 km	–
Tauerntunnel	–	–	8,6 km
St. Gotthard-Tunnel*	–	–	57 km

* Eröffnung 2017, längster Eisenbahntunnel der Welt, vgl. S. 81.

M3 Einige Alpenübergänge in Zahlen

Huckepackverkehr – eine Lösungsmöglichkeit

Der Gütertransport durch die Alpen hat sich seit 1970 fast vervierfacht. Dabei verlief die Entwicklung zwischen Straßen- und Schienenverkehr sehr unterschiedlich.

Die meisten Güter werden heute immer noch per Lastkraftwagen durch die Alpen transportiert. Jeder einzelne Lkw setzt auf seiner Fahrt aber hohe Mengen an Schadstoffen frei und belastet die Umwelt.

Deshalb versuchen die Alpenländer, den Gütertransport immer mehr auf die Eisenbahn zu verlagern.

In Zukunft soll der Warentransport zunehmend im sogenannten Huckepackverkehr erfolgen. An Verladebahnhöfen fahren die Lastkraftwagen direkt auf den Güterzug hinauf und werden von ihm sozusagen „huckepack" durch die Alpen transportiert (M6).

Die Transportkosten für den Bahntransport müssen günstig sein. Dies würde einen Anreiz auf die Unternehmer ausüben, sich dem Prinzip des Huckepackverkehrs anzuschließen.

Aufgaben

3 **Beschreibe die Entwicklung des Gütertransports über die Alpen (M4).**

4 **M6 zeigt eine Möglichkeit, den Verkehr umweltfreundlicher abzuwickeln. Beschreibe.**

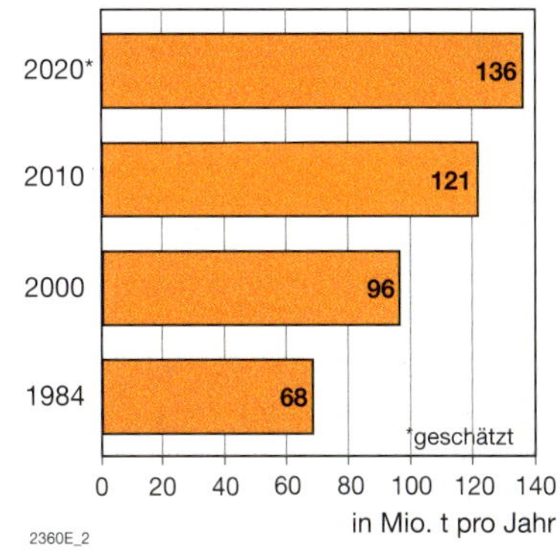

M4 Entwicklung des Gütertransports über die Alpen

M5 Die Alpen – ein Hindernis

M6 Huckepackverkehr

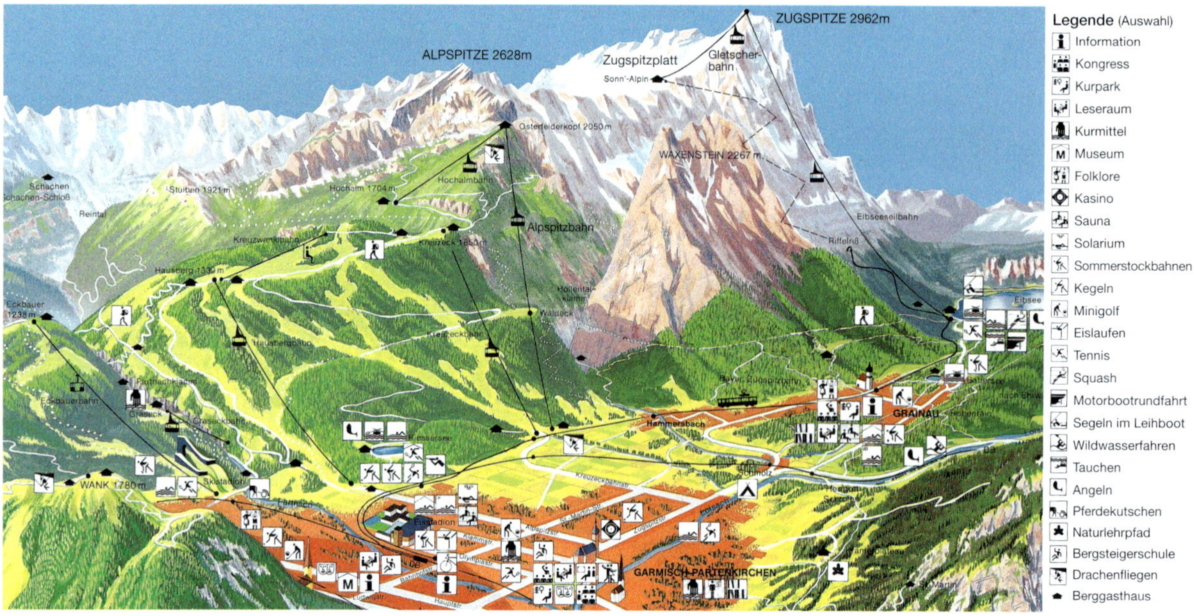

M1 Freizeitmöglichkeiten in Garmisch-Partenkirchen im Sommer …

Die Alpen – ein Tourismusmagnet

Info

Tourismus in den Alpen

Im 19. Jahrhundert begann mit der bergsteigerischen Erschließung der Tourismus im Alpenraum. Ab 1900 entwickelte sich dann auch der Wintertourismus, der durch den Bau von Bergbahnen und Liften stark zunahm.
Heute haben die Menschen mehr Freizeit. Viele unternehmen regelmäßig Tages- oder Wochenendausflüge in die Berge. Hier wollen sie sich vom Arbeitsalltag erholen oder einer der zahlreichen Sportmöglichkeiten nachgehen.

www.garmisch-partenkirchen.de

Garmisch-Partenkirchen im Sommer

Garmisch-Partenkirchen ist eines der bekanntesten Urlaubsgebiete in den Alpen. Es liegt am Fuß von Deutschlands höchstem Berg, der Zugspitze. Der Kurdirektor erläutert: *„Garmisch bietet das ganze Jahr über Erholung. Für unsere Gäste haben wir den Ort und die Berglandschaft umgebaut. Wenn es einmal regnen sollte, dann bieten Kinos, Konzerte, Theateraufführungen und Vorträge genügend Abwechslung. Auch unsere modernen Hotels mit Swimmingpools, Fitnessräumen, Sauna und Wellness-Angeboten sollen den Urlaub bei jedem Wetter angenehm machen.*
Unsere Sommergäste lieben vor allem das Wandern in den Bergen oder wollen Bayerns berühmte Schlösser und Kirchen besichtigen. Für uns sind hohe Gästezahlen in den Sommer- und Herbstmonaten wichtig. Nur so können viele Arbeitsplätze während des ganzen Jahres erhalten bleiben."

Aufgaben

1. **Beschreibe die Lage von Garmisch-Partenkirchen (Atlas).**
2. **Die Alpen sind ein Tourismusmagnet. Erkläre.**

M2 … und im Winter

Garmisch-Partenkirchen im Winter

Im Winter und Frühjahr gehört der Ort dem Wintersport. Die Weltcupabfahrt und das Skispringen der Vierschanzentournee sind international bekannt und bringen Gäste aus vielen Ländern in die Stadt. Auf dem Zugspitzplateau, dem einzigen Gletschergebiet Deutschlands, kann man noch Ski oder Snowboard fahren, wenn im Tal bereits die Bäume blühen. Garmisch-Partenkirchen bietet seinen Gästen jede denkbare Wintersportart an.

Selbst wenn einmal zu wenig Schnee liegen sollte, kann die Natur überlistet werden. Dann sorgen Schneekanonen für Kunstschnee auf den Pisten. Für Gäste, die nicht Ski laufen, stehen etwa 100 Kilometer geräumte Wanderwege bereit. Im Ort sollen die Urlaubsangebote weiter ausgebaut werden, denn die Konkurrenz in den benachbarten Alpenländern ist groß. Weil die Mehrzahl der 300 000 Gäste pro Jahr älter als 50 Jahre ist, müssen sich die Urlaubsgebiete verstärkt um jüngere Urlauberinnen und Urlauber bemühen. Nur so kann der Ferienort auch in Zukunft attraktiv bleiben.

Info

Vom Geschäft mit den Gästen

Der Tourismus hat viele Dörfer reich gemacht. Einige Einheimische arbeiten in Fremdenverkehrsbüros, Hotels und Diskotheken. Andere verdienen ihr Geld als Bergführer oder verleihen Fahrräder und Schlittschuhe an die Urlauber. Die meisten Menschen sind das ganze Jahr über im Fremdenverkehr beschäftigt. Manche werden nur für den Sommer oder Winter eingestellt, wenn viele Urlauber in die Alpen kommen.

Aufgabe

3 Vergleiche Sommer- und Winterurlaub im Hochgebirge. Was würde dir besser gefallen? Begründe.

Naturraum in Gefahr

M1 Trendsportarten – was tun, was lassen?

Aufgaben

1 **Nenne Vorteile und Nachteile des Tourismus in den Alpen.**

2 **Erkläre, warum sich immer mehr Alpenbewohner gegen den Massentourismus wehren.**

3 **Nenne einfache Regeln und Maßnahmen zum Schutz der Bergwelt.**

Arbeitsheft

Massentourismus prägt im Sommer und im Winter den Alpenraum.
Immer mehr Alpenbewohner erkennen jedoch, dass „ihr" Gebirge gefährdet ist: „In eine kaputte Hochgebirgslandschaft kommen keine Touristen mehr", sagen sie.

Deshalb sei ein naturschonender und umweltfreundlicher Tourismus dringend notwendig. Enttäuscht stellen sie aber fest, dass immer mehr Massenveranstaltungen stattfinden.

Die Tal- und Almwiesen werden zertrampelt, Lärm- und Luftverschmutzungen nehmen zu. Immer häufiger klagen Umweltschützer über manche Trendsportler. Sie würden nicht die Regeln beachten, die zum Schutz der Bergwelt aufgestellt wurden.

In manchen Tourismusgebieten befördert man die Urlauber und ihr Reisegepäck schon mit Elektroautos oder Pferdekutschen, damit die Luft nicht verpestet wird.
Nur Rettungsfahrzeuge und Feuerwehren bilden Ausnahmen.

Die Alpen schützen – ja, aber wie?

Die Alpenkonvention

Im Jahre 1995 beschlossen die Alpenländer ein Abkommen zum Schutz der Alpen.
Aufgaben und Ziele:

- Verlagerung des Güterverkehrs von der Straße auf die Schiene
- Schutz der vom Aussterben bedrohten Tier- und Pflanzenarten
- Einrichtung weiterer Natur- und Nationalparks
- Unterstützung der Zusammenarbeit von Tourismus und Landwirtschaft (Verkauf und Verbrauch der heimischen Produkte)
- Verzicht auf belastende Tourismusformen wie Mountainbiking abseits von Wegen, Skifahren außerhalb der Pisten

Artenschutz

Der Steinadler lebte vor 100 Jahren in ganz Deutschland. Heute ist er fast nur noch in den Alpen zu beobachten. Der Steinadler steht unter Naturschutz und darf nicht bejagt werden.

M2 Hinweisschild in den Alpen

Schutz durch Naturparks

Zum Schutz der Alpen sind darüber hinaus große Naturparks geschaffen worden, die in Zukunft noch erweitert werden sollen. In den Bayerischen Alpen steht schon fast die Hälfte der Bergwelt unter besonderem Schutz.
Wichtiger als Gesetze und Verbote ist jedoch das vernünftige und umweltbewusste Verhalten der Gäste in der Gebirgswelt. Nur wenn man sie für das Schutzprogramm gewinnen kann und sie bereit sind, auch Einschränkungen hinzunehmen, kann die typische Alpenlandschaft erhalten bleiben.

METHODE

Eine erdgeschichtliche Zeittafel lesen

Aufgaben

1 **Welche erdgeschichtlichen Vorgänge kennst du schon?**

2 **Ermittle in der Zeittafel, in welchem Erdzeitalter der Kalkstein, die Braunkohle, die Pyrenäen und die Alpen entstanden sind.**

3 **Wann lebten die Saurier?**

4 **Seit wann gibt es Menschen auf der Erde?**

Das „Tagebuch" der Erdgeschichte

Beim Blick in das „Tagebuch" erschließt sich uns eine Wunderwelt. Das Gesicht der Erde prägten sowohl erdinnere als auch erdäußere Kräfte und der Mensch. Im Laufe von Jahrmillionen entwickelte sich auf der Erde eine vielfältige Pflanzen- und Tierwelt.

Wenn sich auf der Erde die geographischen Verhältnisse ändern, müssen sich die Pflanzen und Tiere anpassen. Manchen gelingt das nicht. Sie sterben aus. Ein Beispiel dafür sind die Saurier.

Aufbau der Zeittafel und Hinweise zum Lesen

Die erdgeschichtliche Zeittafel ist so aufgebaut, dass die erdgeschichtlich jüngeren Abschnitte jeweils über den erdgeschichtlich älteren angeordnet sind. Das entspricht der Reihenfolge der Ablagerung von Gesteinen im Laufe der Erdgeschichte.
Große Zeitabschnitte, die Millionen von Jahren umfassen, bezeichnet man als Erdzeitalter (z. B. Erdneuzeit). Die Erdzeitalter sind in weitere Zeitabschnitte untergliedert.

Die erdgeschichtliche Zeittafel liest man immer von unten nach oben.

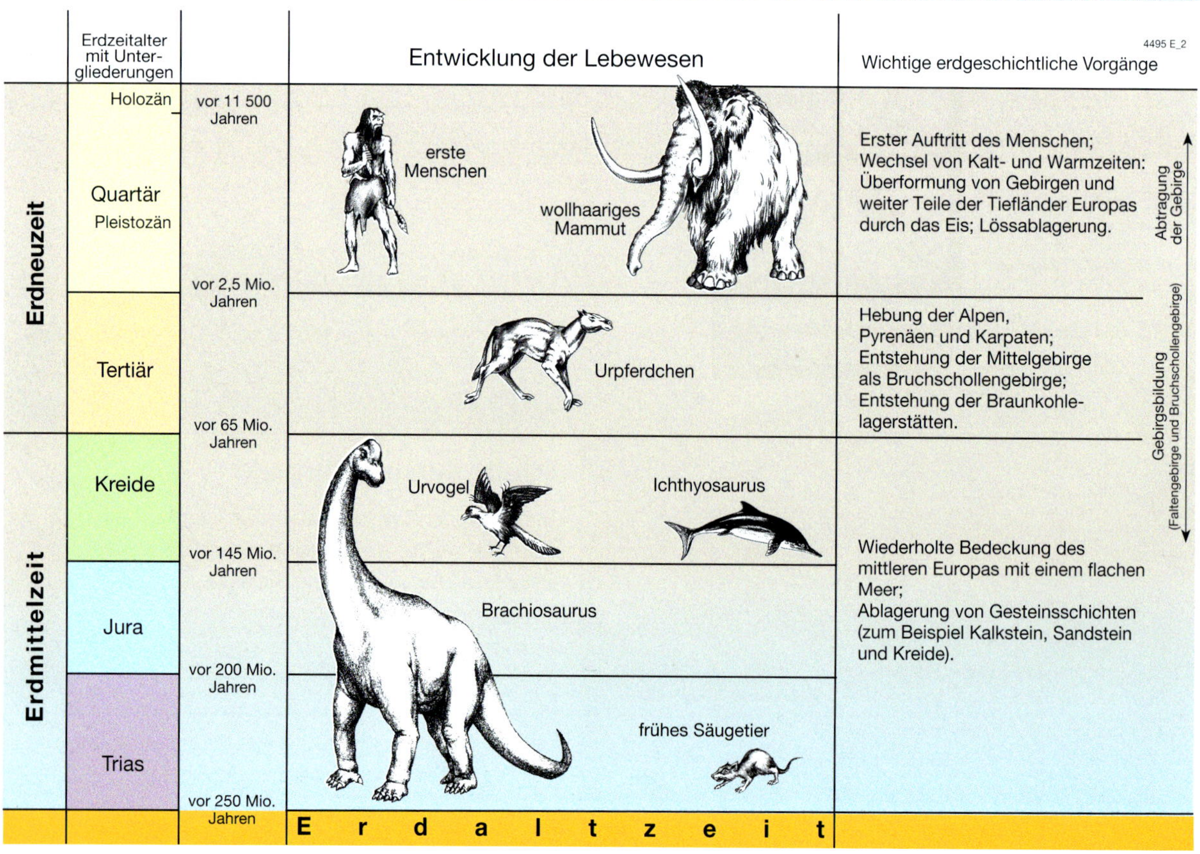

M1 Auszug aus der erdgeschichtlichen Zeittafel

ALLES KLAR

1 Richtig oder falsch?

Finde die Begriffe, die nicht in die Wortreihung passen. Bilde anschließend jeweils eine Teilüberschrift.

a) Montblanc, Matterhorn, Großglockner, Zugspitze, Brocken
b) Ablagerung, Bruchscholle, Faltung, Hebung, Abtragung
c) Lawine, Erdbeben, Erdrutsch, Steinschlag, Bergsturz
d) Passstraße, Transit, Skipiste, Tunnel, Huckepack, Seilbahn
e) Tourismus, Almwirtschaft, Fischfang, Energieerzeugung

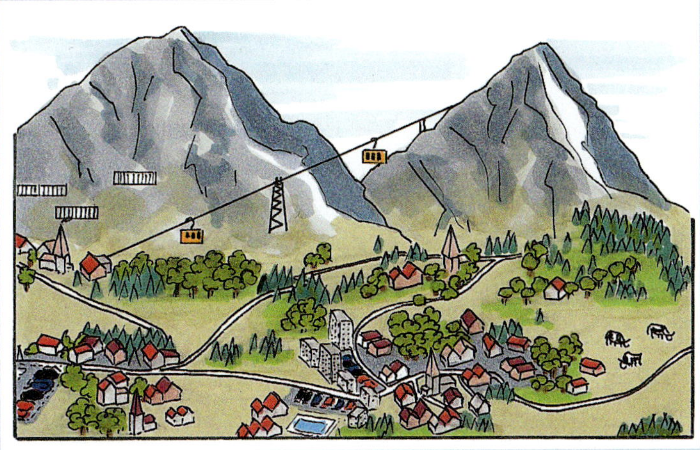

2 Bilderrätsel

Gesucht werden Urlaubsziele in den Alpen.

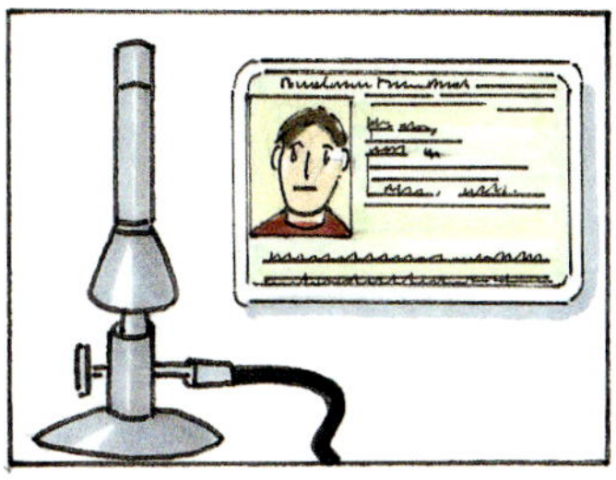

Straße über die Alpen

3 Begriffsrätsel

Gesucht werden fünf Begriffe, die die Alpen kennzeichnen. Setze sie zusammen.

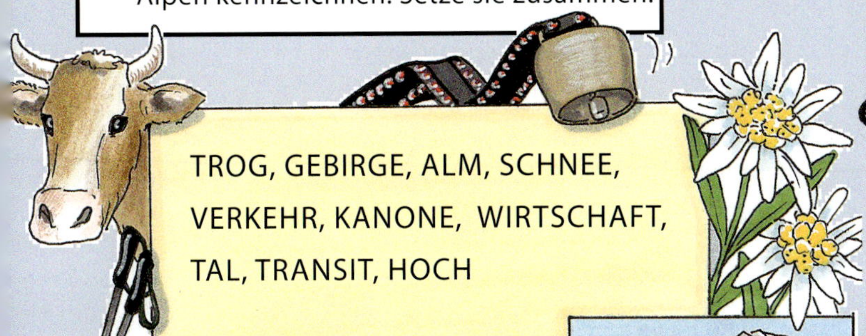

TROG, GEBIRGE, ALM, SCHNEE, VERKEHR, KANONE, WIRTSCHAFT, TAL, TRANSIT, HOCH

- die Merkmale eines Hochgebirges am Beispiel der Alpen beschreiben,
- seine Entstehung beschreiben und die vielfältige Nutzung und Folgen aufzeigen
- eine erdgeschichtliche Zeittafel lesen.

Du kannst dabei folgende Fachbegriffe anwenden:
Hochgebirge, Kalkstein, Massentourismus

AIRBUS
TAM

Verdichtungsräume in Europa 62

Europa – dicht besiedelt 70

Eine Bevölkerungskarte lesen 71 METHODE

Metropolen Europas 72

Europa wächst zusammen 78

Eine Mind-Map anfertigen 82 METHODE

Gewusst – gekonnt 83 ALLES KLAR

- Lage und Merkmale von Industrieräumen und großen Städten Europas beschreiben,
- die Verteilung der Bevölkerung in Europa beschreiben,
- das Zusammenwachsen in Europa darstellen,
- thematische Karten lesen und vergleichen und eine Mind-Map anfertigen.

M1 Airbus-Werk in Toulouse

Verdichtungsräume in Europa

Aufgabe

1 **Beschreibe die Verteilung der Verdichtungsräume in Europa (M1).**

Die industriellen Verdichtungsräume sind in Europa unterschiedlich verteilt. Viele entwickelten sich dort, wo es Bodenschätze wie Steinkohle und Eisenerz gab. Andere entstanden aus mittelalterlichen Handelszentren oder rund um große Städte, zum Beispiel um Hauptstädte.

Voraussetzungen für die Entwicklung von Industrieräumen in Europa waren auch eine verkehrsgünstige Lage am Meer, an Flüssen, Straßen oder Eisenbahnlinien. Heute sind meist andere Standortfaktoren, zum Beispiel gut ausgebildete Arbeitskräfte oder die Zusammenarbeit mit Forschungseinrichtungen, gefragt.

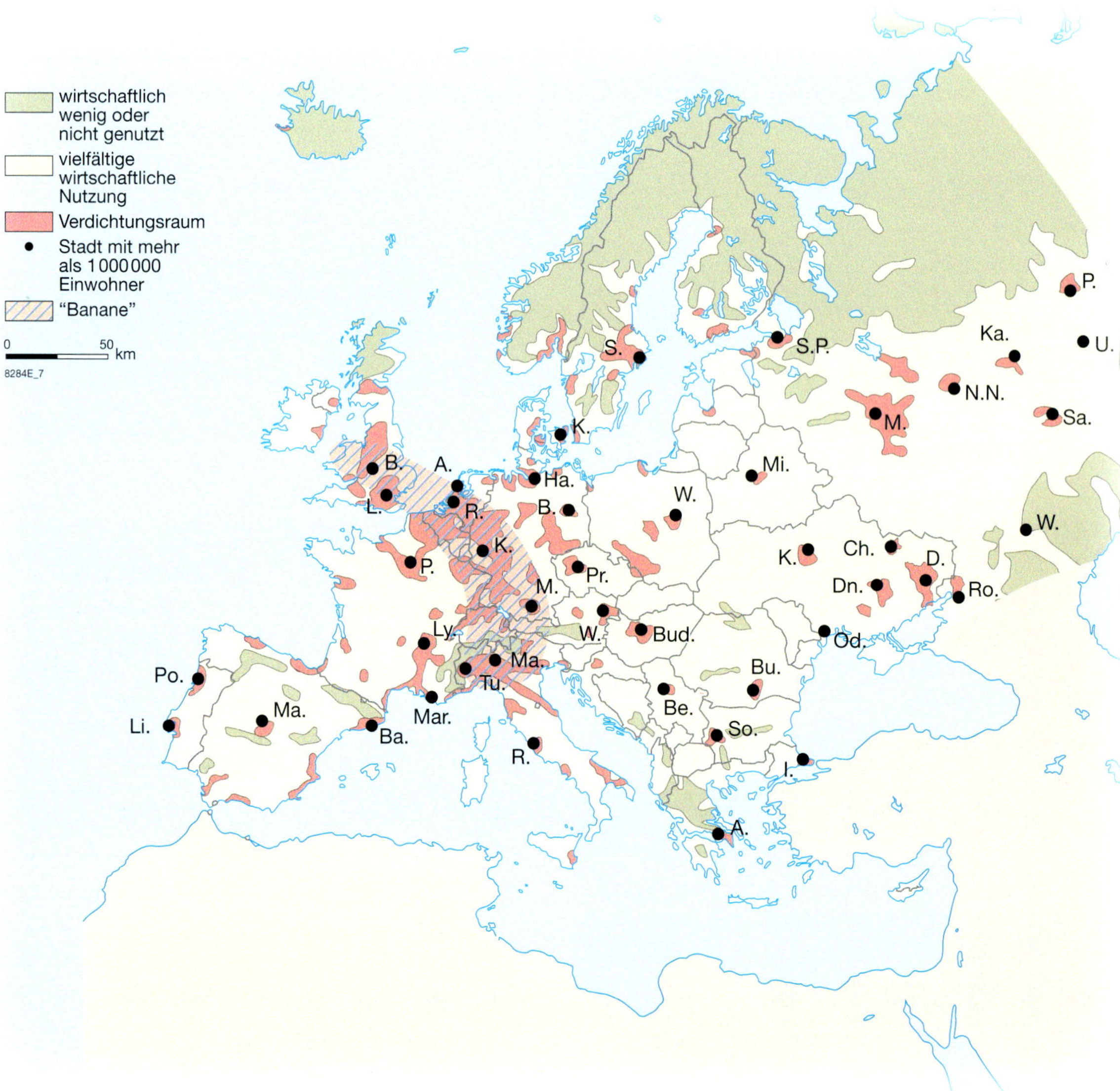

M1 Verdichtungsräume in Europa

① Stahlindustrie in Lothringen

Elsass-Lothringen liegt westlich der deutschen Grenze. Auf der Grundlage von reichen Kohle- und Eisenerzvorkommen hatte sich hier früh die Eisen- und Stahlindustrie entwickelt. Seit ihrem Niedergang in den 1970er-Jahren siedeln sich neue Industriezweige an.

② Stadtzentrum von Stockholm

Stockholm ist ein altes Handelszentrum. Durch seine strategisch gute Lage an der Ostsee und am Mälarsee gehörte Stockholm zum Städtebund der Hanse.

Später entwickelte sich um das Stadtzentrum ein Industriegürtel. Heute ist Stockholm ein bedeutendes Dienstleistungszentrum und ein Tourismusmagnet.

③ Hafenanlagen in Lissabon

Lissabon ist eine bedeutende Hafen- und Handelsstadt am Atlantischen Ozean. Zur Zeit der großen Entdeckungen im 16./17. Jahrhundert war Lissabon ein Welthandelszentrum. Hier kreuzen sich See- und Landverkehr. Viele große portugiesische Unternehmen haben sich am Ufer des Tejo angesiedelt.

④ Hightech-Produktion bei Qimonda in Dresden

Dresden hat sich zu einem bedeutenden Zentrum der Mikroelektronik Europas entwickelt. Dazu beigetragen haben bereits in der Vergangenheit angesiedelte Elektronikfirmen, qualifizierte Arbeitskräfte und viele Forschungseinrichtungen, die eng zusammenarbeiten. Die Stadt wird auch „Silicon Saxony" genannt.

Aufgabe

2 **Nenne Voraussetzungen für die Entwicklung von Industriegebieten.**

Mittelengland

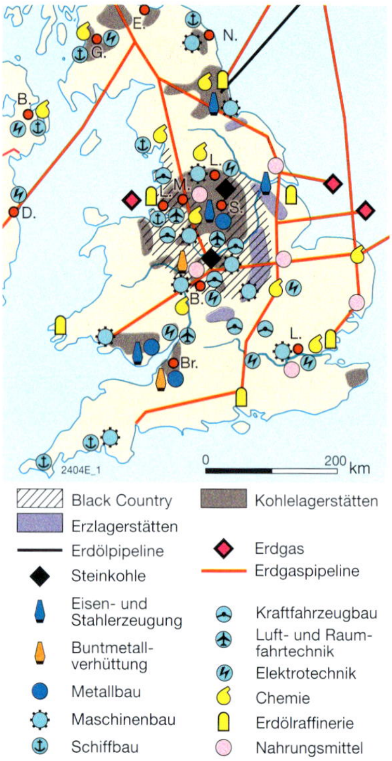

M1 Industriezentren Großbritanniens (Auswahl)

Das mittelenglische Industriegebiet (auch „Black Country" genannt) ist das älteste Industriegebiet der Welt.
Neben der Textilindustrie hatte sich auf der Grundlage von Kohle und Eisenerz schon sehr früh die Eisen- und Stahlindustrie entwickelt.

Wie im Ruhrgebiet geriet auch die Eisen- und Stahlindustrie Großbritanniens in den 1970er-Jahren in eine Krise. In den veralteteten Fabriken wurden viele Rohstoffe, Energie und Arbeitskräfte für die Produktion benötigt. Sie arbeiteten nicht rentabel genug.

Andere Länder, insbesondere aus Asien, konnten und können heute noch Eisen und Stahl preiswerter anbieten. Sie haben niedrigere Lohnkosten und weniger strenge Umweltgesetze.
In den vergangenen Jahrzehnten mussten deshalb zahlreiche Bergwerke und Stahlhütten schließen. Viele Menschen wurden arbeitslos.

Auch in der Textilindustrie gingen wegen billigerer Konkurrenz aus dem Ausland viele Arbeitsplätze verloren. Es war dringend notwendig, im „industriellen Herz" Großbritanniens einen Strukturwandel einzuleiten.

Aufgabe

1 **Nenne Gründe für den Niedergang der traditionellen Industriezweige.**

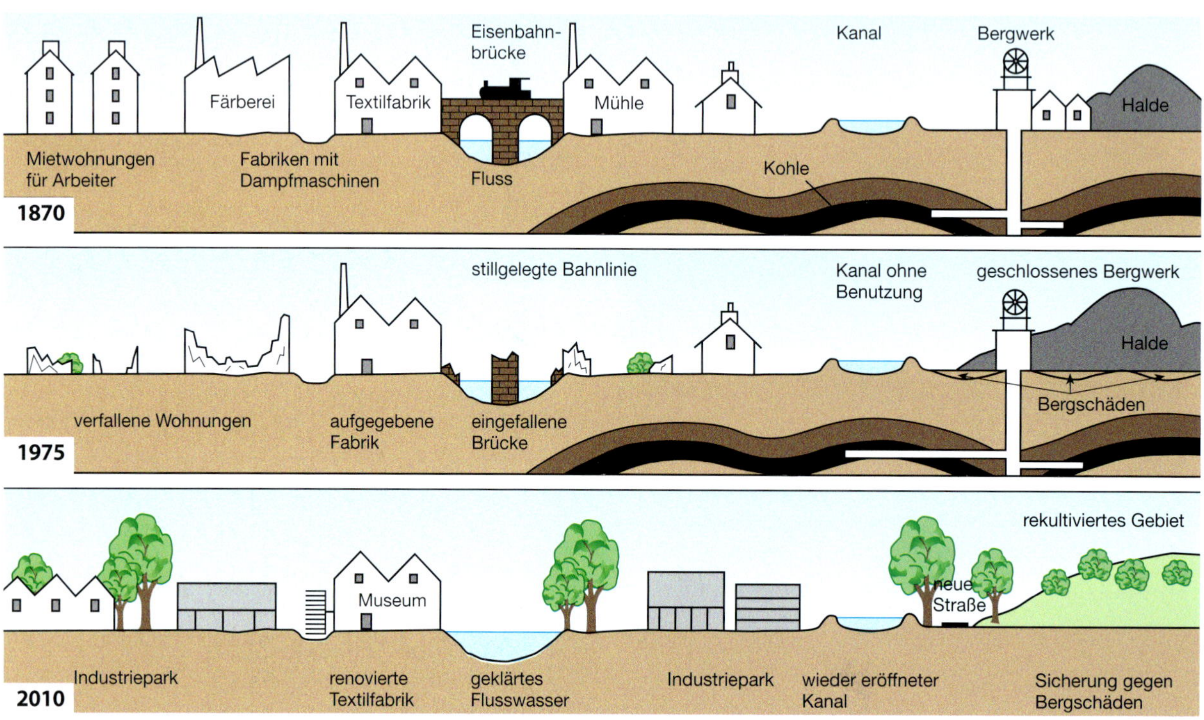

M2 Wandel von Landschaft und Wirtschaft im „Black Country"

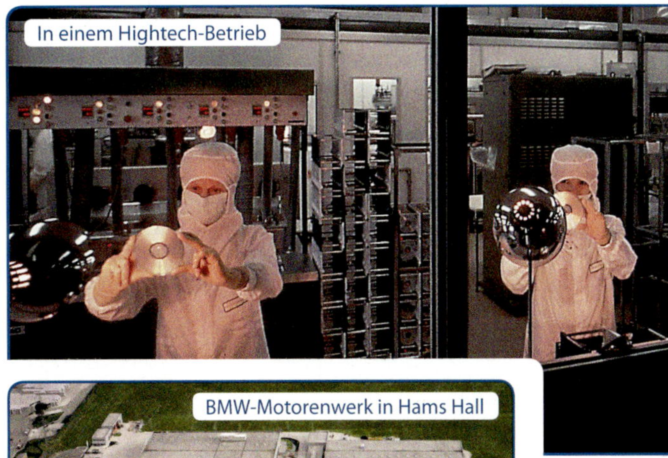

M3 Alte und neue Industrien (Auswahl)

Neue Hoffnung durch Strukturwandel

Im mittelenglischen Industriegebiet sind die noch vorhandenen Bergwerke und Stahlhütten inzwischen modernisiert. Schwierig war es jedoch, neue Industrien anzusiedeln. Mithilfe staatlicher Unterstützung gelang es aber, im „Black Country" zukunftssichere Industriezweige zu schaffen.
Dazu gehören Betriebe der Computerbranche, der Luft- und Raumfahrttechnik, des Fahrzeugbaus und der Biotechnologie (M1 und M3).

Aufgaben

2 **Vergleiche die Veränderungen im mittelenglischen Industriegebiet mit denen im Ruhrgebiet.**

3 **Erkläre den Begriff „wirtschaftlicher Strukturwandel".**

Arbeitsheft

www.erih.net/de/

Info

Saltaire – Krise und Erneuerung

In Saltaire, einer Stadt im mittelenglischen Industriegebiet befand sich bis in die 1980er-Jahre eine große Textilfabrik. Auch sie musste damals schließen.
Weil die Industrieanlage so einmalig war, wurde sie unter Denkmalschutz gestellt. Ein Millionär kaufte die Fabrik und ließ die Gebäude renovieren.
Wichtigster Mieter wurde eine Elektrofirma, die für neue Arbeitsplätze sorgte. Die kleinen ehemaligen Arbeiterhäuser wurden zu begehrten Wohnungen umgebaut.
Als Teil der europäischen Route der Industriekultur zieht Saltaire heute viele Touristen an.

Das wirtschaftliche Herz Italiens

M1 Nord- und Süditalien

Fiat, Ferrero oder Benetton – diese und andere italienische Marken haben einen hohen internationalen Bekanntheitsgrad. Und sie haben noch etwas gemeinsam – ihre Herkunft aus Norditalien.

Besonders in der Poebene gibt es viele Industriestandorte, eine hohe Bevölkerungsdichte und ein dichtes Straßen- und Eisenbahnnetz. Das wichtigste Industriegebiet in Norditalien ist das Städteviereck Mailand-Turin-Bologna-Genua.
Es gehört zu den bedeutendsten Verdichtungsräumen in Europa.

Die Industriebetriebe sind nicht zufällig entstanden. Zu den wichtigen Standortvorteilen zählen:

- gut ausgebildete Arbeitskräfte,
- Wasserkraftwerke in den Alpen, die die Energieversorgung sichern sowie
- die verkehrsgünstige Lage zu den europäischen Absatzmärkten.

Die fruchtbare Poebene erlaubt außerdem den Anbau von landwirtschaftlichen Produkten für die Versorgung der Bevölkerung.

Heute leben und arbeiten etwa zwei Drittel aller Italiener im Norden des Landes.

Info

Gegensatz zwischen Nord und Süd

Süditalien (landesübliche Bezeichnung Mezzogiorno) ist wirtschaftlich weitaus geringer entwickelt als Norditalien.
Obwohl seit den 1950er-Jahren in mehreren Städten Industrien angesiedelt wurden, sind die Verdienstmöglichkeiten gering. Das Industrieviereck Mailand – Turin – Bologna – Genua im Norden zieht viele Arbeitskräfte aus dem Süden an.

Aufgaben

1 **Nenne die Standortvorteile, die für die Entwicklung des Wirtschaftsraumes Norditalien wichtig waren.**

2 **Ordne den Städten Mailand, Turin, Genua und Bologna jeweils zwei bedeutende Industriezweige zu (Atlas).**

Arbeitsheft

M2 Einkaufsstraße mit Luxusboutiquen in Mailand

Venedig – die „Stadt auf Pfählen"

Canale Grande mit Rialtobrücke

Erbaut wurde Venedig auf über 100 Inseln inmitten einer Lagune. Viele prachtvolle Gebäude stehen teilweise auf Holzpfählen, die man in den Untergrund gerammt hat. Berühmt ist Venedig durch seine 175 Kanäle mit einer Gesamtlänge von 38 Kilometern. Auf ihnen werden Waren aller Art und Personen transportiert. Besonders beliebt sind Gondelfahrten auf dem Canale Grande mit einem singenden Gondoliere. Immer wieder stehen weite Teile der Altstadt unter Wasser. Dann müssen Einwohner und Touristen auf Stelzenwegen laufen.

Viele Sehenswürdigkeiten

In Norditalien spielt der Tourismus eine bedeutende Rolle. Er ist ein wichtiger Wirtschaftsfaktor. Auf engstem Raum befinden sich zahlreiche bekannte historische Städte wie Florenz, Verona, Mailand, Pisa, Venedig oder Rom. Sie ziehen jährlich Millionen von Touristen an.

M3 Tourismuszentren im Norden von Italien

Kolosseum

Rom – die „ewige Stadt"

Rom ist die Hauptstadt Italiens. Erbaut wurde sie auf sieben Hügeln. Beinahe an jeder Ecke der Altstadt stößt man auf Zeugen der Geschichte. Dazu gehören Wahrzeichen der Stadt wie das Kolosseum, ein Amphitheater, oder der Trevi-Brunnen. Das Einwerfen von Münzen über die rechte Schulter in den Brunnen soll Glück bringen. Innerhalb Roms liegt auch die Vatikanstadt, der Sitz des Papstes.

Aufgabe

3 Stelle eine weitere Stadt aus der Karte (M3) mit ihren Sehenswürdigkeiten dar (Internetrecherche).

Industrieräume in Europa

M2 Škodawerke in Mladá Boleslav

M1 Škoda

Industriegebiete Tschechiens

Die Industriegebiete in den Landesteilen Böhmen und Mähren weisen seit jeher eine Vielfalt an Industriezweigen auf (M1). Voraussetzungen für die Standortwahl der Industriebetriebe Nordböhmens waren vor allem Bodenschätze, zum Beispiel Glassande und die Braunkohle.
Der Abbau der Braunkohle erfolgt im Tagebau.Weiterverarbeitet wird sie zu Produkten der chemischen Industrie. Sie dient auch der Stromerzeugung.

Standortvorteile für die Entwicklung des Industriegebietes um die Hauptstadt Prag waren die verkehrsgünstige Lage und infolge der hohen Bevölkerungszahl der große Absatzmarkt.

In Ostböhmen werden seit 1905 in der Stadt Mladá Boleslav Autos gebaut. Die Automarke Škoda prägt bis heute das Stadtbild. Seit 1991 gehören die Škoda-Werke zum VW-Konzern. Sie sind die größten Arbeitgeber der Region.

Aufgaben

1 **Beschreibe die Lage der Industriegebiete Tschechiens.**

2 **Nenne Gründe für die Entwicklung der böhmischen Industriegebiete.**

M3 Böhmisches Glas

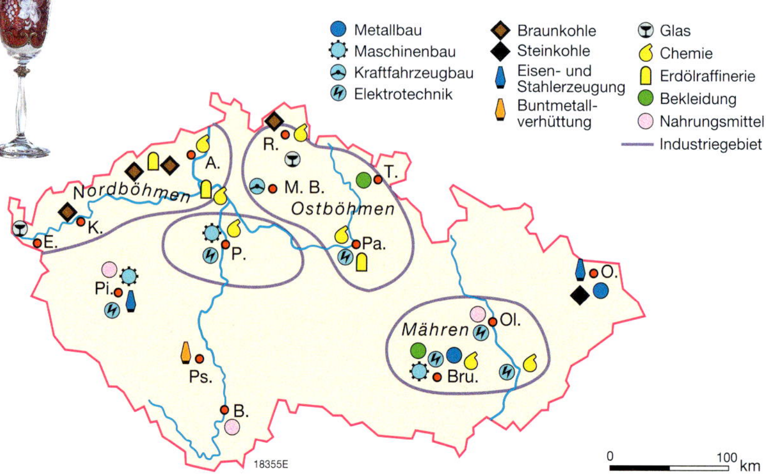

M4 Industriegebiete in der Tschechischen Republik

Industrieregion Barcelona

Barcelona ist neben Madrid der wichtigste Industriestandort Spaniens. Aufgrund der verkehrsgünstigen Lage entwickelte sich die Stadt schon früh zu einem bedeutenden Handelsstandort.

Der Hafen von Barcelona ist neben dem von Valencia einer der wichtigsten Umschlagplätze für Container und Stückgüter im Mittelmeerraum.
Außerdem legen hier Hunderte Kreuzfahrtschiffe an.

Als wichtige Industriezweige haben sich in Barcelona vor allem der Schiff- und Fahrzeugbau, die Textil- und die Pharmaindustrie angesiedelt.

Auch der Tourismus nimmt eine bedeutende Rolle ein. Des Weiteren gilt Barcelona heute als landesweites Informationstechnik-Zentrum. Alljährlich findet hier die weltgrößte Fachmesse für Handys, der Mobile World-Congress, statt.

M5 Werbung für den Mobile World Congress

M6 Kreuzfahrtschiffe im Hafen von Barcelona

Viertel Poblenou mit Agbar Turm (142 Meter)

Info

Projekt 22@Barcelona

Barcelonas Stadtviertel Poblenou war bis Anfang des 20. Jahrhunderts vor allem von der Textilindustrie geprägt. Heute entsteht hier der Hightech-Distrikt 22@. Traditionelle Fabrikgebäude werden abgerissen, neue Straßen, Parks und Geschäfte errichtet. Glasfaserkabel für schnelle Internetzugänge werden verlegt. Firmen wie Microsoft und Sony Ericsson haben sich bereits angesiedelt.

Aufgaben

3 **Beschreibe die Lage von Barcelona.**

4 **Barcelona ist heute eine moderne Industriestadt. Erläutere.**

Europa – dicht besiedelt

Info

Metropole

Unter einer Metropole wird eine Großstadt verstanden, die für ein ganzes Land und ebenso international große politische, wirtschaftliche und kulturelle Bedeutung hat.

Wenn Astronauten nachts den Kontinent Europa überfliegen, können sie von oben über lange Strecken hell erleuchtete Gebiete sehen. Ein wahres Lichtermeer erblicken sie, wenn die großen Städte Europas, zum Beispiel die Metropolen London, Paris und Moskau, überflogen werden.

Europa ist neben Asien der am dichtesten besiedelte Kontinent. Die Bevölkerung ist aber nicht gleichmäßig verteilt.

In den industriellen Verdichtungsräumen, die sich von Mittelengland bis zum Mittelmeerraum erstrecken, leben besonders viele Menschen.

Weitere dicht besiedelte Gebiete sind an den Küsten West- und Südeuropas zu finden. Dünn besiedelt sind dagegen vor allem ländliche Gebiete sowie Teile Nordeuropas und Osteuropas und die Hochgebirge.

Aufgabe

1 **Ermittle die Länder, in denen die zehn größten Städte Europas liegen (M1).**
Arbeitsheft

Stadt	Einw. in Mio.
Moskau	10,51
Istanbul	8,31*
London	8,28
St. Petersburg	4,58
Berlin	3,43
Madrid	3,26
Athen	2,81
Kiew	2,77
Rom	2,72
Paris	2,19

* im europäischen Teil

M1 Die zehn bevölkerungsreichsten Städte Europas (2009)

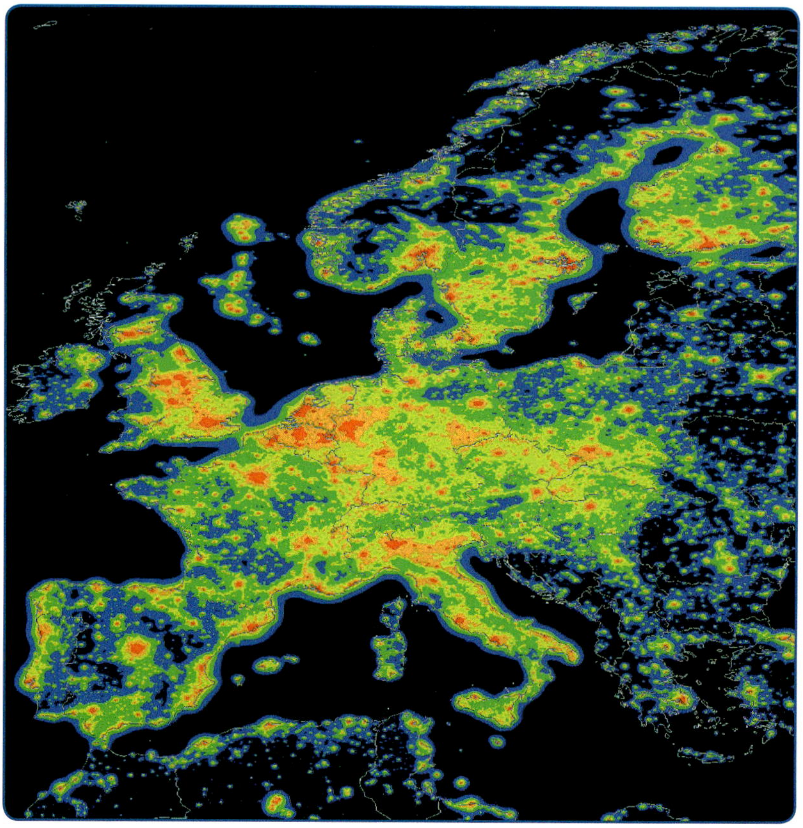

M2 Europa bei Nacht

Eine Bevölkerungskarte lesen

METHODE

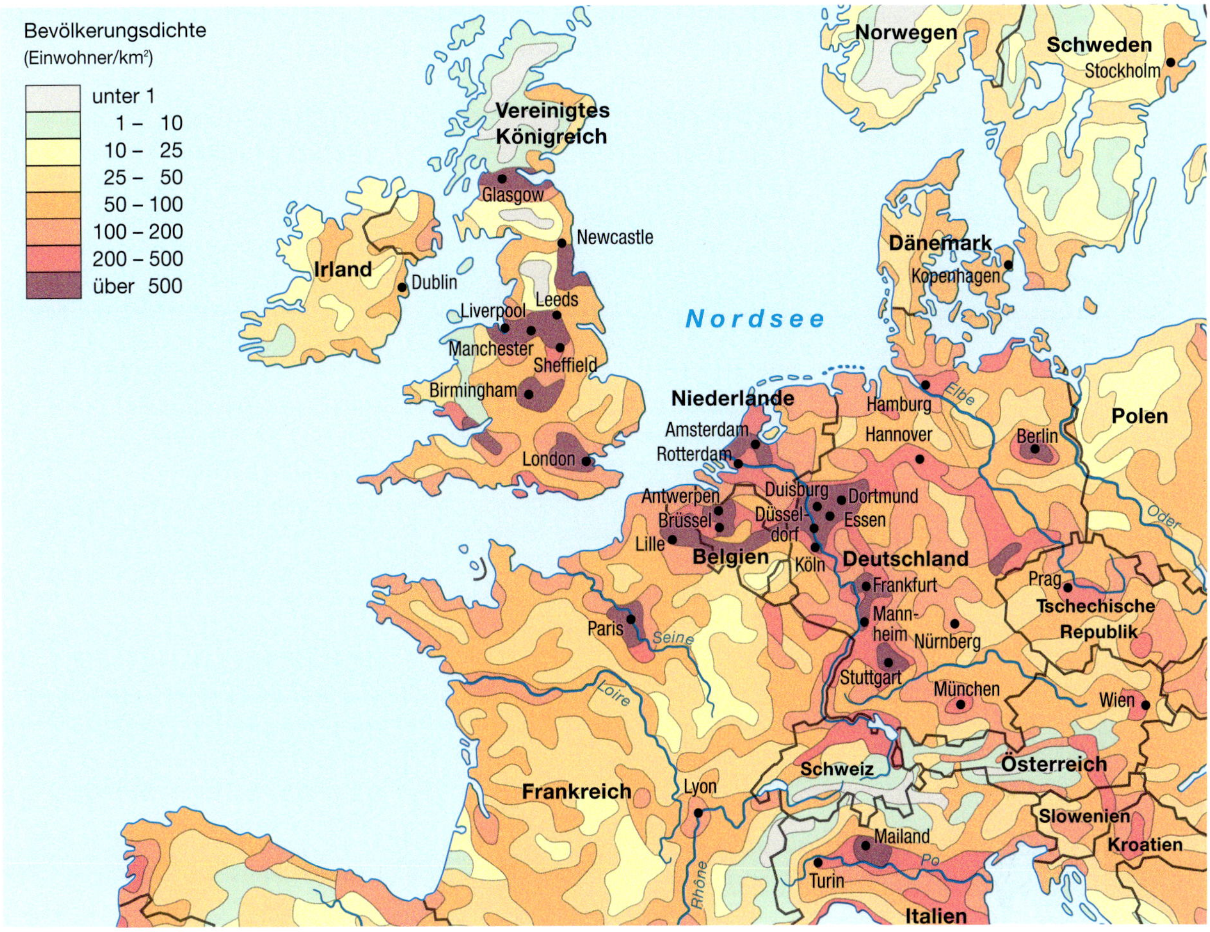

M3 Westeuropa – Bevölkerungsdichte

So gehst du vor

1. Nenne das Thema und den Raum, der dargestellt ist.
2. Ermittle in der Legende die Bedeutung der Farb-Signatur.
3. Beschreibe die Verteilung der Bevölkerung. Denke dabei an
   - die Lage von dicht und dünn besiedelten Gebieten unter Angabe der Himmelsrichtungen,
   - die Lage zu Gewässern, Siedlungen u. a.

Info

Bevölkerungsdichte

Die Bevölkerungsdichte gibt an, wie viele Menschen in einem Gebiet auf einem Quadratkilometer (Einw./km²) leben.

Aufgaben

2 **Lies die Karte M3. Orientiere dich an der Schrittfolge.**

3 **Vergleiche die Bevölkerungskarte Europas mit anderen thematischen Karten unter einer Fragestellung, zum Beispiel: Welche Zusammenhänge bestehen zwischen den natürlichen Gegebenheiten und der Bevölkerungsverteilung?**

Mathe

Metropolen Europas

London – Metropole an der Themse

Aufgaben

1 **Beschreibe die Bedeutung Londons als Metropole.**

2 **Sammelt Material zu London und gestaltet eine Wandzeitung.**

Die britische Hauptstadt London ist mit etwa 8,3 Millionen Einwohnern eine der größten Städte Europas. In der „City of London“, dem europäischen Finanzzentrum, gehen täglich etwa 300 000 Menschen ihrer Arbeit nach. Die meisten davon sind Pendler. Sie kommen aus den Vororten, um in den Banken, bei Versicherungen oder in den Büros in- und ausländischer Firmen zu arbeiten.

Ein weiterer Teil des Stadtzentrums, die „City of Westminster“, ist das politische Zentrum des Landes.

In London leben Menschen aus verschiedenen Teilen der Erde. Viele stammen aus ehemaligen Kolonien Großbritanniens. Die Metropole zieht viele Touristen und Zuwanderer an.

Launisches Wetter

Bei einem Besuch der Stadt London sollte ein Regenschirm immer zum Reisegepäck gehören. Das Wetter kann sich hier schnell ändern. Die Stadt ist dafür bekannt, dass es häufig regnet und es viele Nebeltage gibt. In London fallen die Temperaturen im Winter fast nie unter Null Grad. Schnee gibt es deshalb selten.

Wusstest du schon, dass ...

- in London auf der Straße links gefahren wird und dass dies für ganz Großbritannien zutrifft?
- London viele Sehenswürdigkeiten von Weltrang besitzt, zum Beispiel London Bridge, Tower, Buckingham Palace, Big Ben und Piccadilly Circus?
- in London das ehemalige Hafen- und Dockgelände in ein großes Wohn- und Gewerbegebiet, in dem 80 000 Menschen wohnen und 75 000 Menschen arbeiten, umgestaltet wurde?
- auf dem Flughafen Heathrow alle zwei Minuten ein Flugzeug startet und landet und dass von hier aus 100 Ziele angeflogen werden?

Eng

Die Londoner City aus der Luft

Der Tower von London ist eines der ältesten Gebäude Londons. In seiner Geschichte war er Festung, Königspalast, Gefängnis und Schatzkammer, in der noch heute die Kronjuwelen aufbewahrt werden.

Paris – Metropole an der Seine

„Paris“, so erklärt die Fremdenführerin Madeleine Granon einer Reisegruppe aus Magdeburg, *„ist das Herz Frankreichs. Wer Paris nicht gesehen hat, der kennt auch nicht Frankreich. Hier laufen alle Fäden der Wirtschaft und Politik zusammen. Schauen Sie, bei Ihnen in Deutschland gibt es Bundesländer und jedes Bundesland hat eine eigene Landeshauptstadt. Außerdem haben Sie noch die Bundeshauptstadt Berlin. Bei uns in Frankreich ist das ganz anders.“*

Das gesamte Land wird von Paris aus zentral regiert. Hier werden Aufträge vergeben und Gelder bewilligt. Und weil das so ist, haben alle größeren in- und ausländischen Firmen, wie zum Beispiel Michelin, Peugeot, Siemens oder Esso, ihre Firmensitze in Paris. Paris ist nicht nur politisches und wirtschaftliches, sondern auch kulturelles Zentrum Frankreichs. Hier befinden sich rund 100 Museen, 60 Theater, viele Bibliotheken sowie zahlreiche Zeitungs- und Buchverlage. In Paris gibt es 13 Universitäten und die Grandes Ecoles, die Führungskräfte für Wirtschaft und Verwaltung ausbilden.

Aufgabe

3 Paris wird als das „Herz Frankreichs“ bezeichnet. Erkläre diese Aussage.
Arbeitsheft

Info

Eiffelturm – ein Wahrzeichen von Paris

Erbauer: Gustave Eiffel
Anlass und Bauzeit: Erbaut von 1887 bis 1889 anlässlich der Weltausstellung und der Jahrhundertfeier der französischen Revolution
Höhe: 300 Meter, einschließlich der Fernsehantenne 324 Meter
Baustoff: Stahl
Besucherplattformen: drei in 57, 115 und 276 Meter Höhe
Besonderes: Turm wird nachts von innen und außen angestrahlt; muss alle sieben Jahre angestrichen werden, Dauer 18 Monate

M1 In den Straßen von Paris

Hauptstadt Paris in Zahlen

- Die Stadt Paris ist 105 km² groß. Hier wohnen 2,2 Millionen Menschen.
- Der Großraum Paris ist 12 000 km² groß. Hier wohnen 10,6 Millionen Menschen.
- Die Pariser Metro befördert täglich vier Millionen Passagiere.
- In Paris gibt es mehr als 200 Kunstgalerien, 50 Konzertsäle und etwa 1 250 Hotels.
- Sehenswürdigkeiten sind neben dem Eiffelturm der Triumphbogen, die Kathedrale Notre-Dame, das Rathaus (Hotel de Ville) und der Louvre.

Info

Disneyland Resort Paris

Mehr als zehn Millionen Menschen besuchen jährlich den Vergnügungspark. Er umfasst mehrere Themenparks, die sich um das Wahrzeichen, das Dornröschenschloss, gruppieren. Die Besucher können zahlreiche Abenteuer erleben. Bekannte Disney-Figuren tauchen auf den Spielplätzen zum Vergnügen der Kinder immer wieder plötzlich auf.

M1 Marne-la-Vallée – eine „Neue Stadt“

Leben im Großraum von Paris

Rund um die Großstadt Paris haben sich im Laufe vieler Jahre immer mehr Firmen niedergelassen. Fast ein Viertel der Fabriken Frankreichs ist im Großraum konzentriert.

Wegen der vorhandenen Arbeitsplätze und der hohen Löhne sind viele Menschen nach Paris gezogen. Es entstanden im Umland zahlreiche Wohngebiete, aus denen täglich Tausende Menschen zur Arbeit in die Innenstadt pendeln.

Um den Menschen lange Anfahrtswege zu ersparen, wurden fünf sogenannte „Neue Städte“ gebaut. Es entstanden darin auch Arbeitsplätze, Supermärkte, Schulen und Universitäten. Für die Freizeitgestaltung wurden Theater und Kinos gebaut.

Am 11. April 1992 eröffnete die Walt Disney Company am östlichen Rand der „Neuen Stadt“ Marne-la-Vallée den größten Vergnügungspark Europas (vgl. Info-Kasten).

Aufgaben

1 **Das Umland von Paris hat sich verändert. Erläutere diese Aussage.**

2 **Begründe, warum Paris in das Umland wächst.**

www. disneylandparis.de

Zuwanderung in die Städte

Um die besseren Arbeitsmöglichkeiten in den Städten zu nutzen, wandern immer mehr junge Leute aus den Dörfern ab. Insbesondere der Großraum Paris zieht die Menschen an.

Die Arbeit wird in der Stadt besser bezahlt und umfasst eine bestimmte Stundenzahl, was in der Landwirtschaft nicht der Fall ist.
Es gibt in ländlichen Gegenden Frankreichs Orte, die heute fast menschenleer sind.

Ein Bürgermeister aus einer Gemeinde in der Auvergne erzählt: *„Wenn bei uns auf dem Land die jungen Leute wegziehen, beginnen die Dörfer zu sterben. Ein Betrieb nach dem anderen wird aufgegeben. Dann schließen die Lebensmittelhändler, Fleischer und Bäcker ihre Läden, weil es nicht genügend Kunden gibt.*
Auch die Post wird zugemacht und zuletzt die Schule. So verwildern auch Bauernhöfe und Gärten."

Aufgaben

3 **Nenne Gründe, warum die jungen Menschen ihre Dörfer verlassen.**

4 **Beschreibe die Folgen der Abwanderung für die Dörfer.**

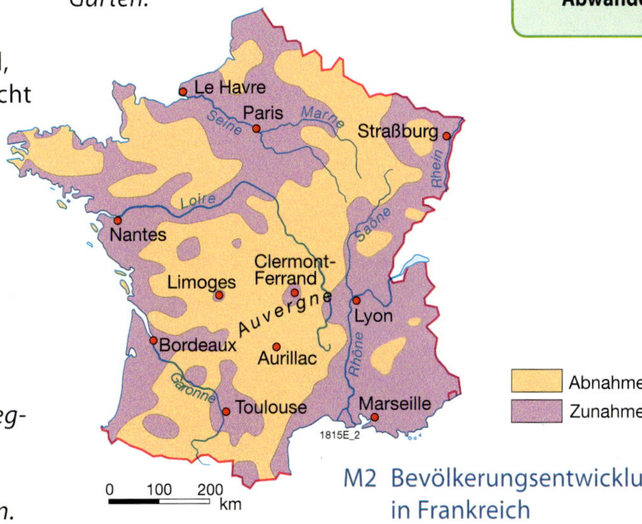

M2 Bevölkerungsentwicklung in Frankreich

Ländlicher Raum
kleine Höfe
geringes Einkommen
wenige Schulen
kaum Kinos, Diskos
wenig Arbeitsplätze

Junge Menschen wandern ab, alte bleiben zurück.

↓

Die Bevölkerung nimmt ab.

↓

Zuwanderung aus dem ländlichen Raum in den städtischen Raum

Städtischer Raum
hohe Löhne
Arbeitsplätze
Kontakte
Kinos, Diskos
Theater,
Schulen/
Universitäten

↓

Junge Menschen wandern zu.
Babys werden geboren.

↓

Die Bevölkerung nimmt zu.

M3 Gründe für das Wachsen von Städten

Wien – Metropole an der Donau

M1 Lage von Wien in Österreich

Wien ist die Hauptstadt der Republik Österreich und mit fast 1,7 Millionen Einwohnern auch die bevölkerungsreichste Stadt des Landes.

In Wien gibt es sehr viele berühmte Gebäude. Wahrzeichen der Stadt ist der fast 140 Meter hohe Stephansdom.
Weitere Sehenswürdigkeiten sind das große Riesenrad im Prater und das weltberühmte Burgtheater.

In Wien befindet sich der Sitz vieler bedeutender Organisationen, zum Beispiel die Organisation der Erdöl exportierenden Länder (OPEC) oder die Internationale Atomenergie-Organisation (IAEO).

Neben New York (USA), Genf (Schweiz) und Nairobi (Kenia) ist Wien zudem einer der vier Amtssitze der Vereinten Nationen (UNO).

M2 Das große Riesenrad im Prater in Wien

M3 Blick über die Altstadt mit Peterskirche und Stephansdom

- Wien besitzt starke wirtschaftliche Beziehungen nach Mittel- und Osteuropa,
- große Erfahrung für Mittel- und Osteuropa bei Banken, Versicherungen, Rechtsanwälten, Steuer- und Unternehmensberatern,
- internationale Konzerne wie Hewlett-Packard, IBM, Beiersdorf, Henkel, Siemens, Philips oder Coca Cola haben ihre Osteuropa-Zentralen in Wien,
- ausgeprägte Vielfalt an Nationalitäten und Sprachen,
- etwa 20 000 Unternehmen und rund 150 000 Beschäftigte im Technologiebereich,
- mit 43 Osteuropa-Zielen und über 500 Flügen nach Osteuropa pro Woche besitzt der Vienna International Airport ein größeres Angebot als München, Amsterdam oder Zürich,
- es werden hohe Ausgaben für Forschung und Entwicklung getätigt,
- an den Universitäten gibt es rund 130 000 Studierende und etwa 10 000 Studienabschlüsse pro Jahr.

M4 Auszug aus einem Werbeprospekt

Aufgabe

1 **Nenne je ein Beispiel für Wien als politisches, wirtschaftliches und kulturelles Zentrum.**

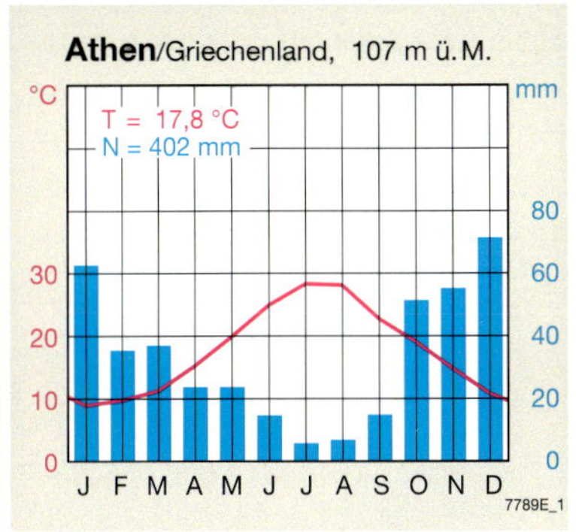

M5 Klimadiagramm von Athen

M6 Blick auf die Akropolis

Athen – Metropole am Mittelmeer

Athen ist die bevölkerungsreichste und flächengrößte Stadt Griechenlands. Zugleich ist die Stadt die bedeutendste Metropole im östlichen Mittelmeerraum.

Athen ist an drei Seiten von Gebirgen umgeben. Durch diese besondere Lage sind die Sommer oft noch wärmer und trockener als in anderen Gebieten am Mittelmeer.
Im Winter dagegen kann es zu Kaltlufteinbrüchen von Norden her kommen. Dann fällt sogar Schnee in der Stadt.

In den heißen Sommermonaten verlassen die Athener – wie alle Bewohner im Mittelmeerraum – erst spät am Abend ihre Wohnungen. Dann treffen sie sich mit Freunden zum Abendessen im Freien und erholen sich von der Hitze des Tages. Wer die Möglichkeit hat, verlässt im Hochsommer die Stadt und fährt ans Meer.

Athen ist das Industrie- und Handelszentrum des Landes. In der Drei-Millionen-Stadt führt das hohe Verkehrsaufkommen oft zu Staus und Luftverschmutzung.

Info

Kultur- und Olympiastadt Athen

Athen ist seit etwa 5 000 Jahren besiedelt und somit eine der ältesten Städte Europas. Hier fanden auch 1896 die ersten Olympischen Spiele der Neuzeit statt. Athen wird jährlich von Millionen Touristen besucht. Der größte Anziehungspunkt ist die Akropolis, ein Burgberg mit Tempelanlagen. Sie gehört zum Weltkulturerbe der UNESCO.

M7 Logo der Olympischen Spiele 2004 in Athen

Aufgaben

2 **In den Sommermonaten beginnt das Leben der Athener erst am späten Abend. Begründe (Text und M5).**

3 **Informiere dich über die Olympischen Spiele im Internet.**

4 **Wiederhole deine Kenntnisse zum antiken Griechenland aus dem Geschichtsunterricht.**

Ge

Europa wächst zusammen

Info

Der Euro €

Die Bezeichnung ist in jeder Sprache leicht auszusprechen und verdeutlicht, in welchem Gebiet die Währung gelten soll. Das grafische Zeichen lehnt sich an den griechischen Buchstaben Epsilon an. Es verweist damit auf die Wiege der europäischen Kultur und auf den ersten Buchstaben des Wortes „Europa". Seit dem 1. Januar 2002 ist der Euro in vielen Ländern gesetzliches Zahlungsmittel.

www.eu-info.de

Die meisten Staaten in Europa haben sich politisch zu einem Bündnis zusammengeschlossen. Sie bilden gemeinsam die Europäische Union (EU). Ihre wichtigsten Ziele sind die Sicherung des Friedens, eine gemeinsame Umweltpolitik und ein gemeinsamer Binnenmarkt ohne Zölle. Die Bundesrepublik Deutschland ist einer der Gründerstaaten der EU.

Die Symbole der EU sind die Europaflagge und die Europahymne.

Schrittweise wird in den Mitgliedsstaaten auch eine gemeinsame Währung eingeführt: der Euro.

Die EU, der heute 27 Staaten angehören, entwickelt sich ständig weiter. Weitere Länder, die bisher noch nicht zur EU gehören, bereiten sich darauf vor, in einigen Jahren Mitglied zu werden (zum Beispiel die Türkei, Mazedonien, Kroatien). Diese Staaten werden Beitrittskandidaten genannt.

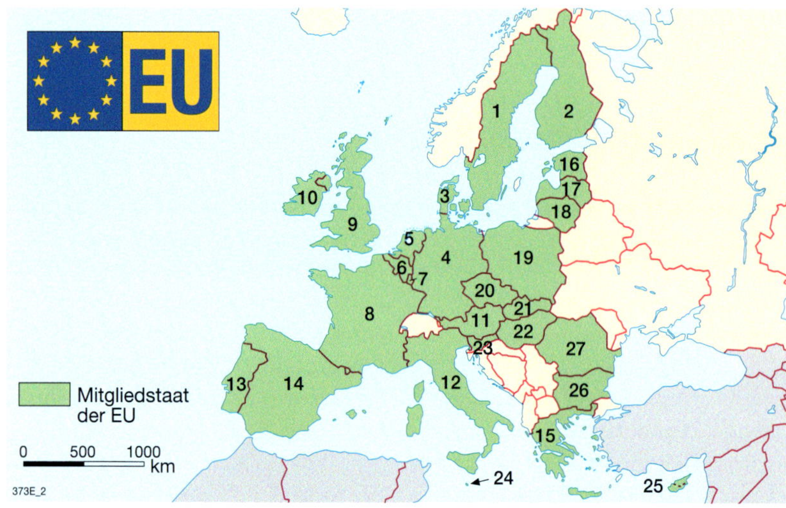

M1 Die Staaten der Europäischen Union

Aufgaben

1 **Nenne Ziele der Zusammenarbeit in Europa.**

2 **Ordne den EU-Staaten (M1) ihre jeweilige Flagge zu (M2). Schlage, falls nötig, in einem Länderlexikon bzw. im Atlas nach oder suche im Internet unter www.flaggenderwelt.com.**

Arbeitsheft

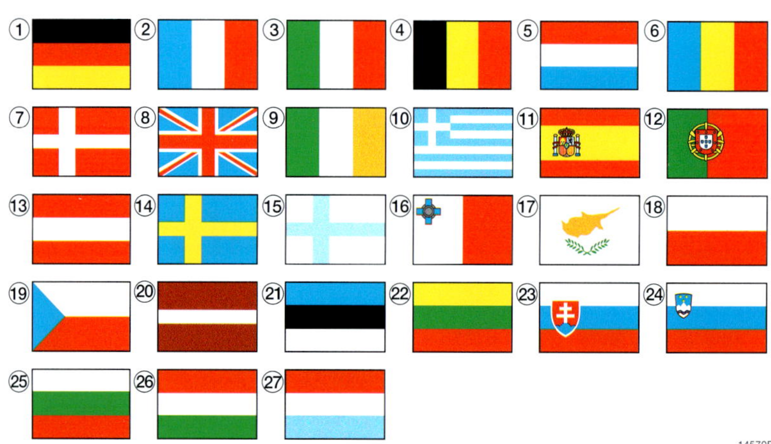

M2 Flaggen der EU-Staaten

M3 Euregios an den deutschen Grenzen

Info

Gemeinsame Ziele einer Euroregion

- Entwicklung der Wirtschaft
- Schaffung und Sicherung von Arbeitsplätzen
- Ausbau des Straßen- und Eisenbahnnetzes
- Vereinbarungen über den Umweltschutz
- Abbau der Grenzen „auf den Karten und in den Köpfen"

Viele Projekte werden mit Mitteln der Europäischen Union gefördert.

Grenzüberschreitende Zusammenarbeit

An allen Grenzen Deutschlands sind Euroregionen entstanden. In einer Euroregion leben auf beiden Seiten der Grenze Menschen, die viele geschichtliche, religiöse, kulturelle sowie wirtschaftliche Gemeinsamkeiten haben. Der Name setzt sich aus „Europa" und „Region" zusammen.

Erstmals wurde der Begriff Euroregion (auch Euregio) an der deutsch-niederländischen Grenze geprägt. In einer Euroregion arbeiten die Bewohner über die Grenzen hinweg zusammen. Das geschieht auf wirtschaftlichem Gebiet, aber auch Feste, kulturelle und sportliche Veranstaltungen feiert man gemeinsam.

Aufgaben

3 **Nenne Ziele einer Euroregion.**

4 **Ermittle die Euroregion, in der der Bäcker bzw. die Zahnärztin über Grenzen hinweg arbeiten (Atlas, M3).**

Industrieräume in Europa

M1 Die riesigen Beluga-Frachtmaschinen transportieren vorgefertigte Teile wie Tragflächen und Rumpfabschnitte aus den Airbus-Produktionsstätten zur Endmontage nach Hamburg und Toulouse.

M2 Modelle der Airbus-Familie

Der Airbus – Teamwork in Europa

Der Name „Airbus" steht für ein hochmodernes Flugzeug. Die „Airbus Industries" ist eine europäische Unternehmensgruppe, die sich auf den Bau von Flugzeugen spezialisiert hat. Deren Produktion umfasst zahlreiche Modelle – vom Kurzstrecken-Jet bis hin zum Großraum-Passagierflugzeug für den internationalen Verkehr. Je nach Verwendungszweck werden Bautypen wie der A300, der A310, der A380 auch als Frachtmaschinen oder für militärische Zwecke ausgerüstet.

Hochmodern sind Airbus-Flugzeuge deshalb, weil sie wenig Kraftstoff verbrauchen, kurze Start- und Landebahnen benötigen, leise Triebwerke besitzen und über modernste technische Ausstattungen verfügen.
Der A320 wird beispielsweise nicht mehr mit einem herkömmlichen Steuerknüppel gelenkt. Der Pilot steuert alle Flugmanöver über einen daumenlangen Kontrollhebel, Joystick genannt. Dieser leitet vollelektronisch Steuerbefehle über einen Bordcomputer an die entsprechenden Ruder weiter.

Aufgaben

1 **Erläutere, warum der Airbus ein hochmodernes Flugzeug ist.**

2 **Ordne die im Info-Kasten (S. 81) genannten Verkehrsprojekte Ländern zu.**

Airbus Deutschland
Airbus France
Airbus United Kingdom
Airbus Spain
Verschiedene Hersteller aus Belgien, Großbritannien und den USA

M3 Produktionsstätten für den Airbus A380

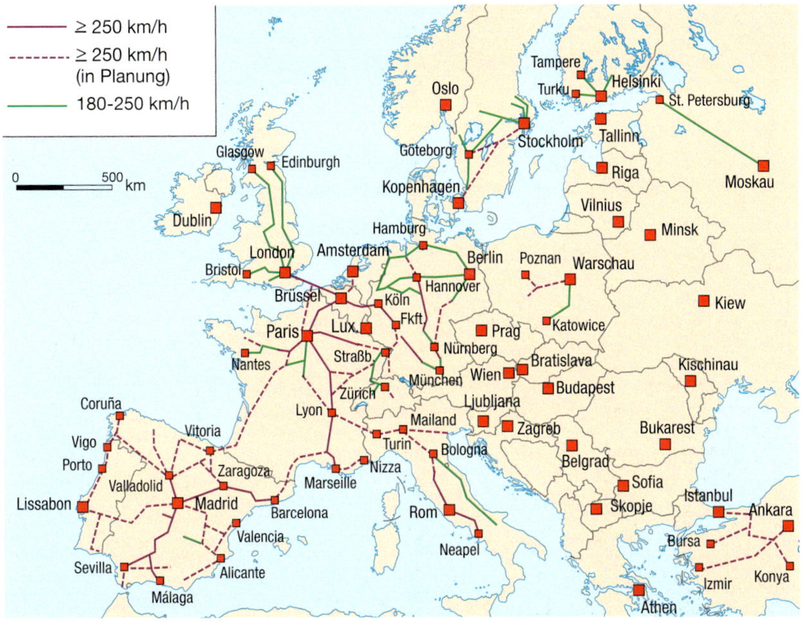

M4 Das europäische Hochgeschwindigkeitsnetz (2008)

Info

Beispiele für große Verkehrsprojekte

- Tunnelbauten durch Gebirge (z.B. Gotthard-Basis-Tunnel) und unter Meeresarmen (z.B. Eurotunnel)
- Großbrücken über Meeresteile (z.B. über den Großen Belt)
- Modernisierung von Häfen (z.B. Europoort Rotterdam)
- Kanalbauten (z.B. Main-Donau-Kanal)
- Ausbau des Straßennetzes und der Eisenbahnlinien
- Ausbau von Flughäfen (z.B. Flughafen Berlin-Schönefeld)

Europäische Verkehrsprojekte

Das ganz Europa umspannende Hochgeschwindigkeitsnetz der Bahn soll bis 2015 etwa 35 000 Kilometer umfassen. Dazu müssen 20 000 Kilometer neue Strecken gebaut oder bereits bestehende Strecken erweitert werden.

Die Kosten für dieses ehrgeizige Vorhaben werden auf 250 Milliarden Euro geschätzt. Bei vielen Streckenabschnitten ergeben sich zudem umweltpolitische Bedenken. Beim Bau neuer Verkehrswege sind Eingriffe in die Natur unausweichlich. Pro Kilometer Schnellgeschwindigkeitstrasse werden etwa drei Hektar Fläche verbraucht – das sind etwas mehr als drei Fußballfelder! Ein Autobahnkilometer „kostet" im Vergleich aber ca. zehn Fußballfelder.

M5 Durchbruch am neuen Gotthard-Basis-Tunnel im Oktober 2010

M6 Hochgeschwindigkeitszüge Europas

METHODE

Eine Mind-Map anfertigen

Gedanken im „Spinnennetz" gefangen

Eine Mind-Map stellt ein Gedankennetz dar. Wie eine Spinne in der Mitte eines Spinnennetzes sitzt das Thema in der Mitte der Mind-Map. Über Haupt- und Nebenäste ist es mit allen Schlüsselbegriffen verbunden. Diese gliedern das Thema und stellen wichtige Punkte zu seiner Erläuterung dar.

Eine Mind-Map kann dir als ein Überblick über ein Lehrbuchkapitel oder auch als Stichpunktzettel für einen Vortrag dienen. Durch eine farbliche Gestaltung wird die Übersichtlichkeit verbessert.

So gehst du vor

1. Das Hauptthema schreibst du in die Mitte des Blattes und kreist es ein.
2. Die übergeordneten Schlüsselwörter schreibst du in Großbuchstaben auf die vom Thema ausgehenden Hauptäste.
3. Von den Hauptästen zweigen Nebenäste ab. Darauf trägst du untergeordnete Schlüsselwörter ein.
4. Von den Nebenästen kannst du weitere Äste abzweigen lassen, wenn es für dich sinnvolle weitere Unterpunkte gibt.

Beachte: Du musst nur aufpassen, dass es nicht zu viele Äste sowie Beschriftungen werden. Sonst wird die Mind-Map unübersichtlich.

Aufgaben

1 **Ergänze die Mind-Map.**

2 **Fertige selbst eine Mind-Map zu einem Industriegebiet oder einer Metropole an. Orientiere dich an der Schrittfolge.**

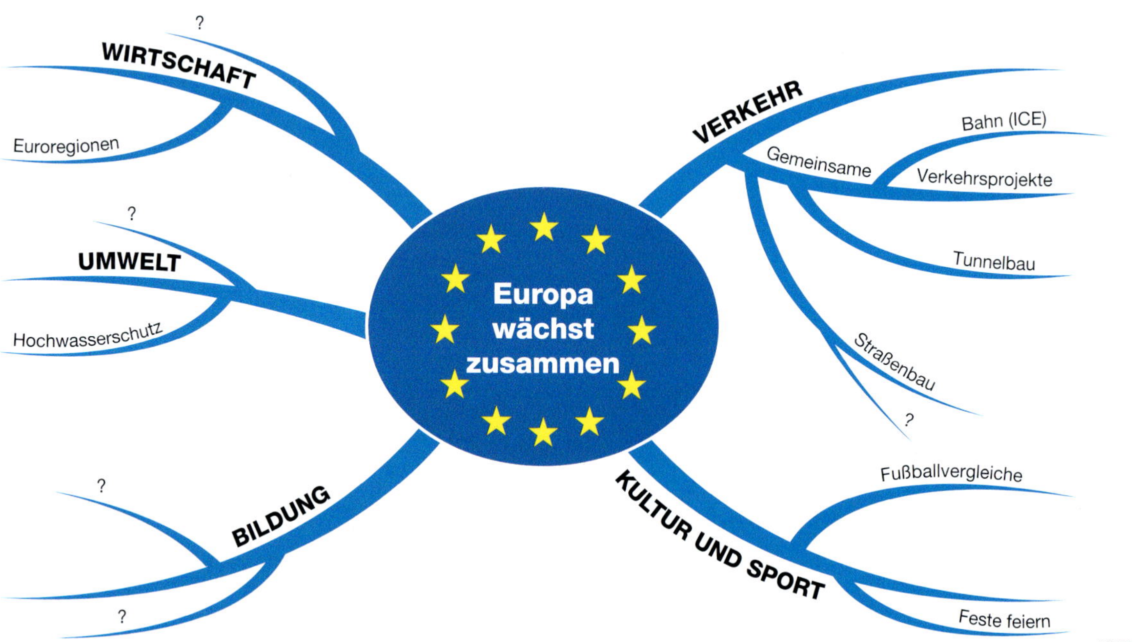

M1 Mind-Map zum Thema „Europa"

Gewusst – gekonnt

ALLES KLAR

1 Richtig oder falsch?

Suche in den Wortreihungen jeweils den nicht dazu passenden Begriff. Bilde anschließend jeweils einen Oberbegriff.

a) Paris, Madrid, Wien, Rom, Barcelona, Moskau, Prag
b) Böhmen, Black Country, Großraum Paris, Auvergne, Mailand-Turin-Bologna-Genua
c) Skoda, Seat, BMW, VW, Fiat, Ford
d) Themse, Tower, Buckingham Palast, Flughafen Heathrow, Akropolis, Docklands
e) Europaflagge, Europäische Union, Euro, Euroregion, Eurotunnel, Eurofluss, Europameisterschaften, Europahymne

2 Industrierätsel

Arbeitsheft

Löse das Rätsel:

1 europäisches Flugzeug
2 Produkt aus Kohle und Eisen
3 Industriestadt in Norditalien
4 größter Hafen Europas
5 Industriestadt in Mittelengland
6 Stadt mit besonderer Bedeutung

1
2
3
4
5
6

Lösungswort: ______________________

3 Frankreich-Rätsel

Arbeitsheft

1 Gebirge an der Grenze zu Deutschland
2 Name des Erbauers eines berühmten Turmes in Paris
3 Hauptstadt
4 Fluss, der in das Mittelmeer mündet
5 Gebirge an der Grenze zu Spanien

Lösungswort: ______________________

- die Verteilung von Industriegebieten in Europa beschreiben und Gründe für ihre Entstehung nennen,
- die Bevölkerungsdichte in Europa mithilfe von Karten beschreiben und mit anderen thematischen Karten vergleichen,
- Merkmale von Metropolen nennen und das Leben in ihnen beschreiben,
- Beispiele der Zusammenarbeit in Europa nennen und dazu eine Mind-Map anfertigen.

Du kannst dabei folgende Fachbegriffe anwenden:
Metropole, Bevölkerungsdichte

Klima und Vegetation 86
Landwirtschaftliche Nutzung 90
Arbeit mit Handstücken 95 METHODE
Unruhiger Mittelmeerraum 96
Urlaub unter südlicher Sonne 98
Einfache Zusammenhänge herstellen 102 METHODE
Gewusst – gekonnt 103 ALLES KLAR

- Merkmale der Natur in Südeuropa beschreiben,
- einfache Zusammenhänge zwischen Natur und wirtschaftlicher Nutzung herstellen,
- Auswirkungen der wirtschaftlichen Nutzung durch den Menschen aufzeigen.

M1 Taormina mit Blick auf den Ätna

Klima und Vegetation

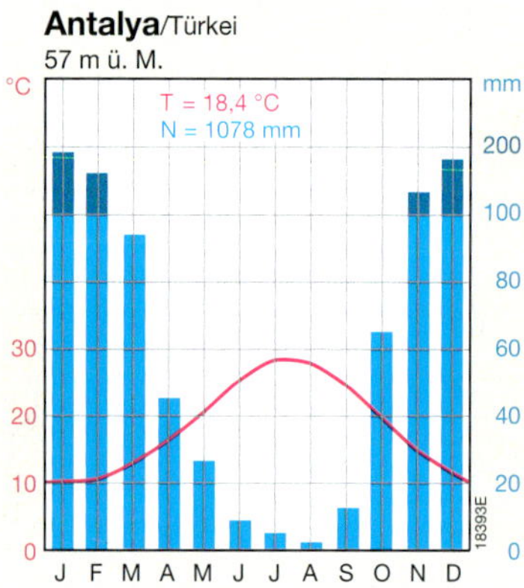

M1 Klimadiagramm von Antalya

M2 Die Lage der subtropischen Klimazone

Prima Klima

Millionen Touristen verbringen im Sommer ihren Urlaub in Spanien und in anderen Mittelmeerländern. Die Urlauber genießen die Landschaft, das Essen und die Gastfreundschaft der Einheimischen. Vor allem aber genießen sie das Mittelmeerklima.

Im Sommer scheint die Sonne von morgens bis abends. Um die Mittagszeit kann es sehr heiß werden. Die Lufttemperatur steigt manchmal bis auf 40 °C an. Abends ist es noch so warm, dass man im Freien sitzen kann. Nur selten fällt Regen.
Im Winter dagegen transportiert Westwind feuchte Luft vom Atlantischen Ozean bis zum Mittelmeer. Es regnet häufiger und manchmal auch stark. Dann steht das Wasser auf den Straßen bis zu zehn Zentimeter hoch, weil es nicht schnell abfließen kann.

Info

Subtropische Klimazone

Die subtropische Zone schließt sich südwärts an die gemäßigte Klimazone an. Das Klima in der Mittelmeerregion ist durch heiße, trockene Sommer und milde, feuchte Winter gekennzeichnet.

Liebe Oma, lieber Opa,
unser Urlaub am Mittelmeer ist echt klasse. Jeden Morgen gehen wir zu Fuß zum Strand. Wir schwimmen im warmen Meer und spielen am Strand. Es scheint immer die Sonne. Gestern haben wir Herrn und Frau Heinemann am Strand getroffen. Sie lebten früher in Düsseldorf. Jetzt sind beide im Ruhestand und haben sich in Málaga eine kleine Wohnung gekauft. Sie haben gesagt, dass es nur im Sommer so schön ist und so warm wird. Im Winter regnet es am Mittelmeer auch.

Liebe Grüße, auch von Mama und Papa,

Eure Lea und Leon

M3 Urlaubsgrüße aus Málaga

Aufgaben

1 **Beschreibe das subtropische Klima am Beispiel von Antalya (M1).**

2 **Erkläre, warum es im Winter am Mittelmeer häufig regnet.**

Pflanzen – an das Klima angepasst

Alle Pflanzen, die im subtropischen Klima wachsen, müssen sich gegen die Trockenheit in den Sommermonaten schützen. Viele von ihnen haben Dornen. Manche haben kleine, immergrüne Blätter mit harter, lederartiger oder mit Wachs überzogener Oberfläche. Den Mittelmeerraum nennt man deshalb auch Zone der Hartlaubgewächse.

Einige Pflanzenarten wie Lilien oder Knoblauch speichern Wasser in den Zwiebeln. Feigenkakteen dagegen speichern Wasser in Blättern und im Stamm. Einzelne Pflanzen bilden lange Seitenwurzeln knapp unter der Erdoberfläche. Die Wurzeln anderer Pflanzen dringen tief in den Boden ein. Auf diese Weise decken die Pflanzen ihren Wasserbedarf.

Die Wurzeln der Olive erstrecken sich bis zwölf Meter in die Breite und bis sechs Meter in die Tiefe.

Im Mittelmeerraum ist die Macchie, ein niedriger Buschwald weit verbreitet (M7). Er besteht aus einem dornigen, zwei bis vier Meter hohen Dickicht aus Lorbeer, Wacholder, Zypressen, Steineichen, Korkeichen, Myrte, Oleander, Ginster, Lavendel und Salbei.

M4 Oleander

M5 Feigenkaktus

M6 Die Agave wird bis zu zwei Meter hoch.

M7 Macchie

Aufgaben

3 **Erläutere die Anpassung der Pflanzen an das Klima (Text, M4-M7).**

4 **Beschreibe das Aussehen der Macchie.**

Arbeitsheft

Bio

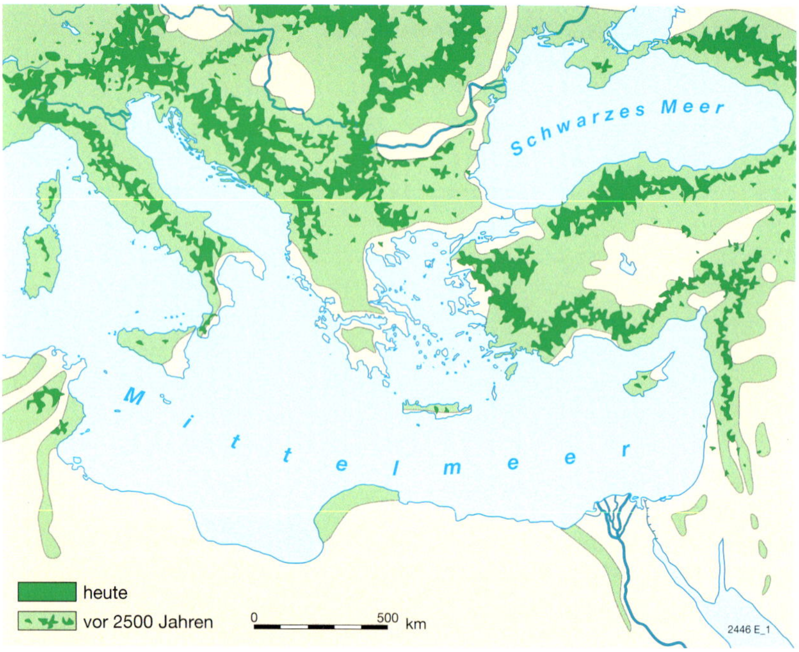

M1 Waldverbreitung früher und heute

Aufgabe

1 **Erkläre, warum die ursprüngliche Vegetation im Mittelmeerraum kaum noch vorhanden ist.**

M2 Lage des Karstgebirges

Ge

Waldzerstörung und Verkarstung

Im Mittelmeerraum gab es früher viel mehr Wald als heute (M1). Schon seit dem Mittelalter haben die Menschen die Gebirgswälder abgeholzt.

Sie benötigten Acker- und Weideflächen sowie Platz für den Bau von Siedlungen.
Auch zum Heizen, zum Schmelzen von Metallen und zum Schiffbau verwendete man Holz.
Deshalb ist heute nur noch an wenigen Stellen die ursprüngliche Vegetation zu finden.
Weite Teile der Gebirge sind kahl oder mit Macchie bedeckt.

Verkarstung

Dort, wo die Gebirge aus Kalkstein bestehen, kann das Wasser noch leichter versickern. Es bilden sich verschiedene Formen aus. Sie werden als Karstformen bezeichnet (vgl. Info-Kasten S. 89).
Der Name Karst, übersetzt „steiniger Boden", ist abgeleitet vom gleichnamigen Gebirge in Slowenien und Kroatien. Hier wurden diese Formen zum ersten Mal genauer untersucht (M2).

M3 Klettern im Karstgebirge

M4 In einer Tropfsteinhöhle

Info

Wie Karstformen entstehen

Kalkgestein und die im Gebirge reichlich fallenden Niederschläge sind Voraussetzungen für die Entstehung von Karstformen. Wegen seiner Risse und Spalten ist Kalkstein sehr wasserdurchlässig. Das Regenwasser versickert daher schnell in die Tiefe. Im Untergrund löst das Wasser den Kalkstein langsam auf. Es bilden sich große Höhlen. Brechen ihre Felsdecken ein, werden die Einbruchstellen an der Oberfläche als Dolinen (Einsturztrichter) sichtbar. Die langgestreckten, wannenartigen Vertiefungen, die Poljen, sind durch Bodensenkungen entstanden.

Aufgaben

2 **Erkläre die Entstehung und Nutzung einer Karstlandschaft (M3 – M5).**

3 **Karsterscheinungen findet man zum Beispiel auch in den Randgebieten des Harzes. Informiere dich über die Tropfsteinhöhlen in Rübeland (Internet).**

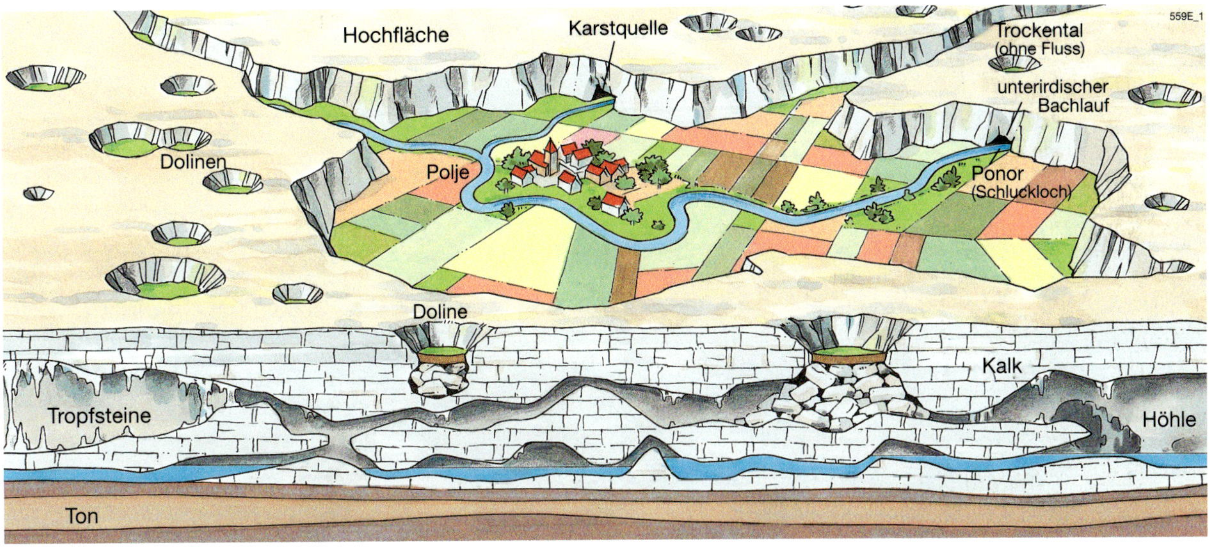

M5 Karstformen

Landwirtschaftliche Nutzung

M1 Huerta mit Tajo-Segura-Überleitung

M2 Das Wassergericht von Valencia tagt

Wasser ist kostbar

M3 Furchenbewässerung

Um auch in den sehr warmen und trockenen Sommern Ackerbau betreiben zu können, müssen die Felder künstlich bewässert werden. Deshalb nennt man diese Bewirtschaftungsform Bewässerungsfeldbau.

In riesigen Speicherbecken wird hierfür der Winterniederschlag gesammelt. Über Gräben, Kanal- und Rohrleitungssysteme gelangt das Wasser zu den Feldern.

Jeder Bauer hat Anspruch auf eine bestimmte Menge Wasser. Diese richtet sich nach der Größe seines Besitzes. Bei Unstimmigkeiten der Wasserverteilung entscheidet in Spanien das Wassergericht.
Bis zu drei Ernten können durch Bewässerung erzielt werden. In den intensiv bewirtschafteten Huertas („Gärten“) gedeihen Obst und Gemüse. An den Küsten wird auch Reis angebaut.

Aufgaben

1. **Wasser ist kostbar. Erkläre dies am Beispiel des Mittelmeerraumes.**
2. **Erkläre, warum die Olive eine Dauerkultur mit vielfältiger Nutzung ist.**
3. **Informiere dich im Internet über das Wassergericht von Valencia.**

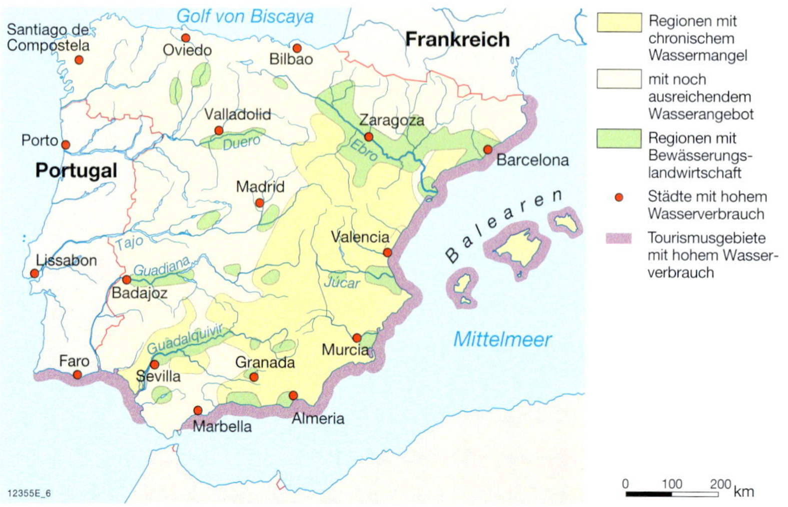

M4 Wasser und Wassernutzer in Spanien und Portugal

Im gesamten Mittelmeerraum gedeihen verschiedene Zitrusfrüchte wie Orangen, Zitronen und Grapefruits. Orangen werden als Obst gegessen und zu Marmeladen sowie Fruchtsäften verarbeitet.
Außerdem werden die Früchte auch für die Erzeugung von Duftstoffen verwendet.
Die kleinen Bäume oder Sträucher haben dornige Zweige und ledrige Blattoberflächen. Sie treiben dreimal im Jahr neue Blätter und stark duftende Blüten.
Für ihr Wachstum benötigen Orangenpflanzen hohe Temperaturen und Feuchtigkeit, sodass sie im Sommer bewässert werden müssen. Damit die Früchte reifen können, sind viele Sonnentage notwendig.

M5 Anbau von Zitrusfrüchten

Bei der Olivenernte

Die Olive (der Ölbaum) ist eine der ältesten Kulturpflanzen der Erde. Manche Bäume werden bis zu 1 000 Jahre alt. Vor den ersten Regenfällen im Herbst werden Netze unter den Bäumen ausgelegt, um darin die Oliven zu sammeln. Aus Oliven wird hauptsächlich Speiseöl gewonnen. Die Früchte werden auch als grüne oder schwarz-violette Oliven zum Verzehr verkauft.

Nutzung der Olive

M6 Anbau von Oliven

M1 Gemüse aus Andalusien in Deutschland

Hightech-Gemüse aus Andalusien

Im Winter ist auch bei uns die Nachfrage nach frischem Obst und Gemüse sehr groß. Die Bauern im Süden Spaniens können einen Vorteil der Natur nutzen, die milden Winter mit Tagestemperaturen bis 20° C und die lange Sonnenscheindauer. Obst und Gemüse können so auch im Winter in unbeheizten Plastikhäusern angebaut werden (M3).

Das frische Gemüse wird sofort nach der Ernte sortiert, verpackt und in Kühlwagen bis zu uns transportiert. Es dauert keine 48 Stunden, dann haben die LKWs ihr Ziel über das weit verzweigte europäische Autobahnnetz erreicht.

Aufgaben

1 **Beschreibe die Lage der Bewässerungsgebiete in Spanien (M4, S. 90).**

2 **Erläutere Veränderungen in der Landwirtschaft (M3).**

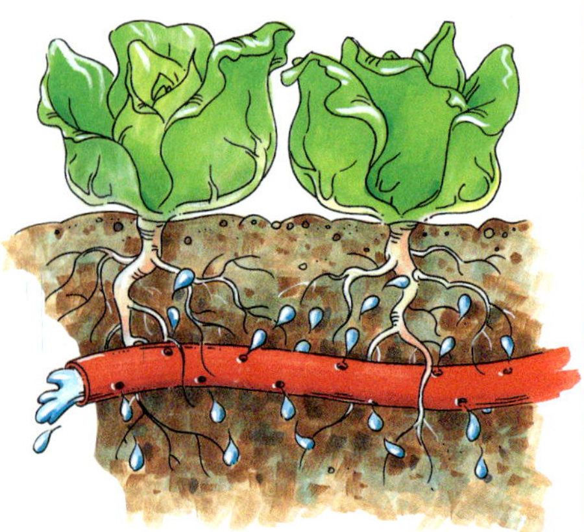

M2 Tröpfchenbewässerung

„Wenn ich mir heute meine Heimat so anschaue, dann hat sich in den letzten Jahren vieles verändert. Sehen Sie sich nur diese weiten in der Sonne glitzernden Flächen an. Da lagen früher Olivenhaine, Obstpflanzungen und Getreidefelder. Mit der Hacke habe ich Furchen ausgehoben und das Flusswasser auf die Felder geleitet.
Und heute? Die ganze Küstenebene ist von großen Plastiktreibhäusern bedeckt. Ausgerechnet hier, im trockensten Teil Spaniens, bauen wir ganzjährig Obst und Gemüse für den Export an. Unser größtes Problem ist dabei die Wasserversorgung, da wir im Sommer, wenn monatelang kein Regen fällt, unsere Felder bewässern müssen. Die Regierung hat schon vor dreißig Jahren Rohrleitungen und Kanäle gebaut, in denen Wasser aus dem niederschlagsreichen Norden in den Süden gepumpt wird. Aber das reicht nicht aus. So bohren wir selbst immer tiefere Brunnen, um Grundwasser zu fördern. Die Belüftung und Wasserverteilung in den Treibhäusern wird von Computern gesteuert – genauso wie in den Niederlanden."

M3 Bericht von Juan Gonzales, Gemüsebauer in der Provinz Almeria

M4 Ausbringen von Folientunneln

M5 In einem Folientreibhaus

Nachteile der Intensivlandwirtschaft

Die mit „Folienhäusern" überbaute Fläche wird in den südspanischen Küstengebieten ständig vergrößert. Viele Treibhäuser werden ohne Genehmigung der Behörden errichtet. Selbst in Naturschutzgebieten sind neue Felder angelegt worden. An vielen Stellen türmen sich Berge von Plastikabfällen und Verpackungsmaterial.

Um die Kulturen vor Pflanzenkrankheiten und Schädlingen zu schützen, werden viele chemische Pflanzenschutzmittel auf den Flächen ausgebracht. Bei unsachgemäßer Handhabung gelangen diese ins Grundwasser oder belasten die Flüsse. Durch den Bau neuer Tiefbrunnen sinkt der Grundwasserspiegel immer weiter ab.

Die Wasserknappheit führt auch zu Konflikten mit dem Fremdenverkehr. In den Hotels und Ferienanlagen verbrauchen die Touristen große Mengen Wasser. Und welcher Tourist möchte seinen Urlaub in einem Intensivlandwirtschaftsgebiet verbringen?

Aufgabe

3 a) Erläutere Nachteile der Intensivlandwirtschaft in den Küstenlandschaften Südspaniens.

b) Nenne Maßnahmen, die Abhilfe schaffen könnten.

M6 Intensivlandwirtschaft in Südspanien

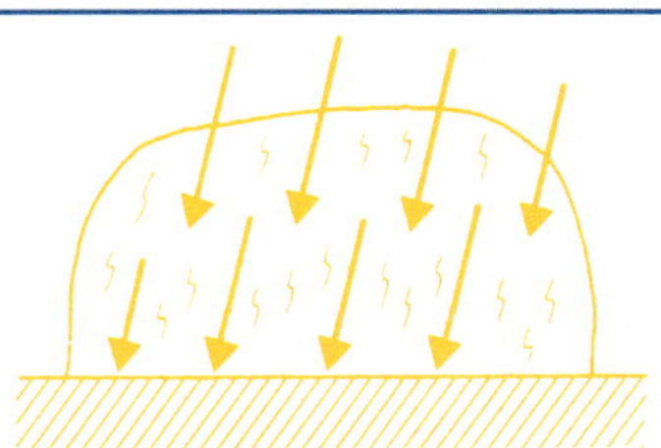

Sonnenlicht dringt ungehindert ein und erhitzt den Boden. Die Plastikfolie verhindert das Entweichen der Wärme und Feuchtigkeit der Luft. *Vergleich*: Auto im Sommer bei geschlossenen Fenstern.

M7 Unbeheiztes Plastiktreibhaus

M1 Stockwerkanbau: unten Gemüse, Mitte Wein, oben Olivenbäume

Aufgaben

1 **Erkläre, was man unter heimischen und fremden Kulturpflanzen versteht.**

2 **Nenne die Herkunftsgebiete eingeführter Kulturpflanzen (M2).**

Asien	Amerika
Zitrone	Tomate
Grapefruit	Paprika
Orange	Mais
Mandarine	Tabak
Aprikose	
Pfirsich	
Afrika	**Australien**
Dattelpalme	Eukalyptus-baum

M2 Herkunft ausgewählter fremder Kulturpflanzen

Früchte aus dem Mittelmeergebiet

Orangen, Zitronen, Mandarinen und Grapefruit, das sind Zitrusfrüchte, die wir fast das gesamte Jahr über im Supermarkt kaufen können. Auch Gemüse wie Tomaten und Paprika gehören zum ganzjährigen Sortiment.

Auf den Etiketten sind als Herkunftsgebiete meist Griechenland, Spanien, Portugal und Italien ausgewiesen. Aber viele der Kulturpflanzen, die wir heute als typisch für die Mittelmeerländer ansehen, waren dort ursprünglich nicht heimisch. Sie wurden aus anderen warmen und sommerfeuchten Regionen eingeführt. Da es in Südeuropa in den Sommermonaten trocken ist, gedeihen sie nur bei künstlicher Bewässerung.

Zu den im Mittelmeergebiet heimischen Kulturpflanzen gehören beispielsweise Mandel-, Walnuss- und Feigenbäume sowie Melonen. Die größte Bedeutung hatten schon immer Wein, Weizen und vor allem der Ölbaum (Olive). Die Kleinbauern bauen auf ihren Feldern oft verschiedene Kulturpflanzen stockwerkartig an. So können sie die kleinen Ackerflächen besonders intensiv nutzen.

M3 Exotische Früchte aus Andalusien: Granatäpfel, Mispeln, Physalis, Cherimoya

Arbeit mit Handstücken

METHODE

Mit vielen Sinnen zu neuen Erkenntnissen

Mit Handstücken sind Originalgegenstände aus unterschiedlichen Regionen der Erde gemeint, die in die Hand genommen werden können. Sie können aus der belebten und unbelebten Natur stammen. Dazu zählen zum Beispiel Blätter, Früchte, Gesteine und Bodenproben.

Originalgegenstände aus dem Leben von Menschen, wie Kleidung, Speisen, Baustoffe sowie religiöse und alltägliche Gegenstände, können uns etwas über die Kultur eines Landes verraten. Durch genaues Betrachten und Berühren von Handstücken prägen sich die Eigenschaften dieser Originalgegenstände gut ein. Handstücke können durch ihre Eigenschaften auch bei der Gewinnung neuer Erkenntnisse helfen.

So gehst du vor

1. Beschreibe die Merkmale des Originalgegenstandes. Achte dabei auf Art, Material, Form, Größe, Härte, Farbe, Glanz, Geschmack, Geruch.
2. Vermute die Herkunftsregion des Handstücks. Gehe auch auf Entstehung, Nutzung und Verarbeitung des Gegenstandes ein.
3. Vergleiche die Originalgegenstände einer Region mit denen einer anderen.

M4 Zitrusfrüchte

M5 Lavagestein

M6 Mahonie

M7 Fächer einer Spanierin

M8 Korkuntersetzer

Aufgaben

3 Vergleiche die Merkmale von Früchten und Blättern der subtropischen und der gemäßigten Klimazone.

4 Beschreibe zwei selbst gewählte Handstücke.

Unruhiger Mittelmeerraum

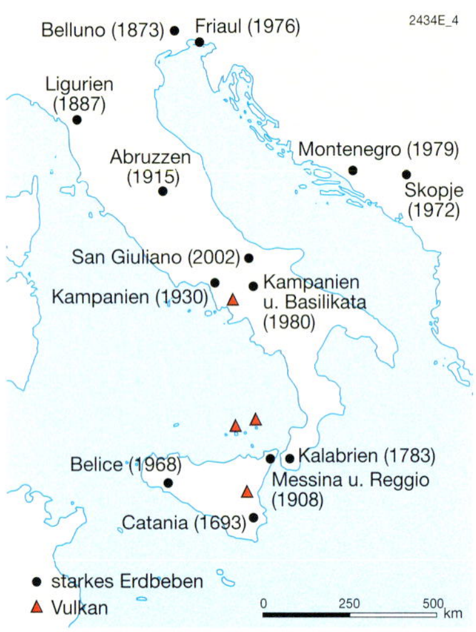

M1 Erdbeben und Vulkane im Mittelmeerraum

Im Süden Europas müssen die Menschen von alters her mit besonderen Naturbedingungen leben. Hier gibt es aktive Vulkane und heiße Quellen. Auch Erdbeben kommen in Südeuropa vor (M1).
Die südeuropäischen Vulkane ähneln sich in ihrem Aufbau. Sie haben eine kegelförmige Gestalt. Der Gipfel wird durch den Krater gebildet (M3).

Er ist das obere Ende des Schlotes. Durch ihn gelangt Magma aus der Magmenkammer an die Erdoberfläche.
Während ihrer aktiven Phasen bauen sich die Vulkane aus Lava- und Ascheschichten selbst auf. Sie werden deshalb als Schichtvulkane bezeichnet.

Europas bekanntester aktiver Vulkan ist der Ätna. Vulkane sind für die dort lebenden Menschen eine Bedrohung.

M2 Der Bauer Alfio Borzi gehört zu den Leidtragenden eines Ätna-Ausbruchs. Die Hälfte seiner Felder und Obstgärten hat die Lava begraben.

Aufgabe

1 **Beschreibe Gefahren für die Menschen, die in der Umgebung eines Vulkans leben.**
Arbeitsheft

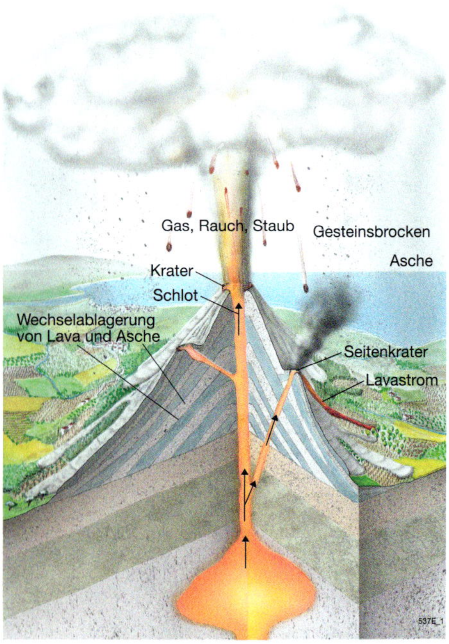

M3 Schnitt durch einen Schichtvulkan

Wasser soll Lavastrom eindämmen

Bei einem gewaltigen Vulkanausbruch des Ätna wälzten sich bis zu sechs Meter hohe, rot glühende Lavaströme ins Tal und bedrohten Ortschaften. Arbeiter versuchten, mit Schaufelbaggern eine Schneise zu ziehen, um den Lavastrom umzulenken. Flugzeuge warfen Wasser ab, um den Lavafluss abzukühlen und damit zu stoppen. Doch erneut hatten sich Krater geöffnet und schleuderten Lavafontänen bis 200 Meter hoch in die Luft. Gleichzeitig breitete sich eine dunkle Aschewolke über der Region um den Vulkan aus. Diesmal blieb der Lavastrom vor den Häusern stehen.

Lava des Ätna vor einem sizilianischen Dorf

Vulkane nützen dem Menschen

Die Bauern in den Dörfern am Fuß vieler Vulkane bauen häufig Gemüse und Obst, vor allem Südfrüchte, an. Grundlage ihrer ertragreichen Landwirtschaft ist der fruchtbare Boden aus verwittertem Lavagestein und vulkanischen Aschen.

Schon die Römer errichteten in der Nähe aktiver oder erloschener Vulkane Thermalbäder. Über Gesteinsspalten kommt hier Sickerwasser mit dem heißen Untergrund in Berührung und erwärmt sich. Quellen fördern dieses Wasser mit vielen gelösten Mineralien zutage. Seine heilende Wirkung sowie die Linderung von Gelenkschmerzen durch warme Bäder waren schon im Altertum bekannt.

Heute besuchen viele Touristen die Vulkanlandschaften. Das Gastronomie- und Hotelgewerbe ist eine wichtige Einkommensquelle der Einheimischen.

Von jeher wird Bimsstein zum Hausbau verwendet. Er ist sehr leicht und ein gutes Dämmmaterial gegen Hitze, aber auch Kälte.

Heute werden in Vulkangebieten auch Elektrizität und Wärme gewonnen. Der heiße Wasserdampf aus Tiefbohrungen treibt in Kraftwerken die Strom erzeugenden Turbinen an. Das heiße Wasser wird zudem zum Heizen von Wohnhäusern genutzt.

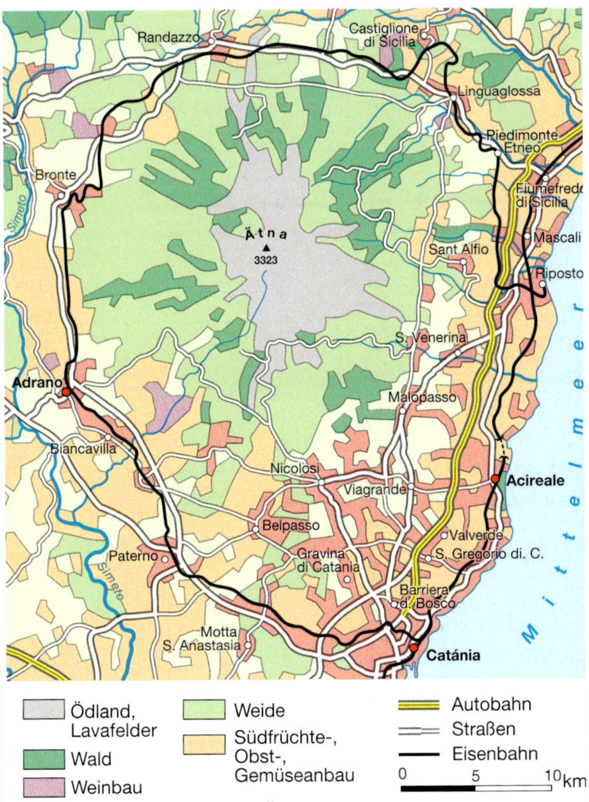

M4 Bodennutzung der Ätna-Region

Bimssteinabbau

Bimsstein wird beispielsweise auf Lipari abgebaut. Er findet als Baustoff und Schleif- und Poliermittel Verwendung.

Baden im Schlamm

ist auf der Insel Vulcano ausdrücklich erwünscht. Schwefelhaltige Quellen haben eine heilende Wirkung.

Aufgabe

2 Beschreibe den möglichen Nutzen von Vulkanen.

M5 Der Stromboli ist der aktivste Vulkan im Mittelmeergebiet

Urlaub unter südlicher Sonne

Eine Kreuzfahrt durch das Mittelmeer

Verfolge im Atlas den Reiseverlauf. Nenne die neun gesuchten Ziele (?).

1. Tag:
Unsere Reise beginnt in Genua. Am ersten Tag fahren wir an einer Insel (?) vorbei, die zu Frankreich gehört.

2. Tag:
Wir sind in der Hauptstadt (?) von Italien. Dort machen wir einen Landausflug. Wir besichtigen das Kolosseum aus der Römerzeit.

3. Tag:
Weiter geht es nach Neapel. Von hier aus machen wir wieder einen Landausflug. Wir steigen auf einen 1277 Meter hohen Vulkan (?).

4. Tag:
Es geht weiter. Wir fahren an einer Insel (?) vorbei, auf der ein viel höherer Vulkan (?) tätig ist.

5. und 6. Tag:
Bis wir unser nächstes Reiseziel, eine Insel (?), erreichen, sind wir viele Stunden auf See. Endlich kommen wir in Iraklion an. Auch hier besichtigen wir Ruinen aus einer längst vergangenen Zeit: den Knossos-Palast.

7. und 8. Tag:
Wir fahren durch eine Inselgruppe (?) mit vielen kleinen Inseln. Schließlich erreichen wir den Hafen Piräus. Wir freuen uns schon auf den Landausflug zur Akropolis, die hoch über einer Hauptstadt (?) liegt.

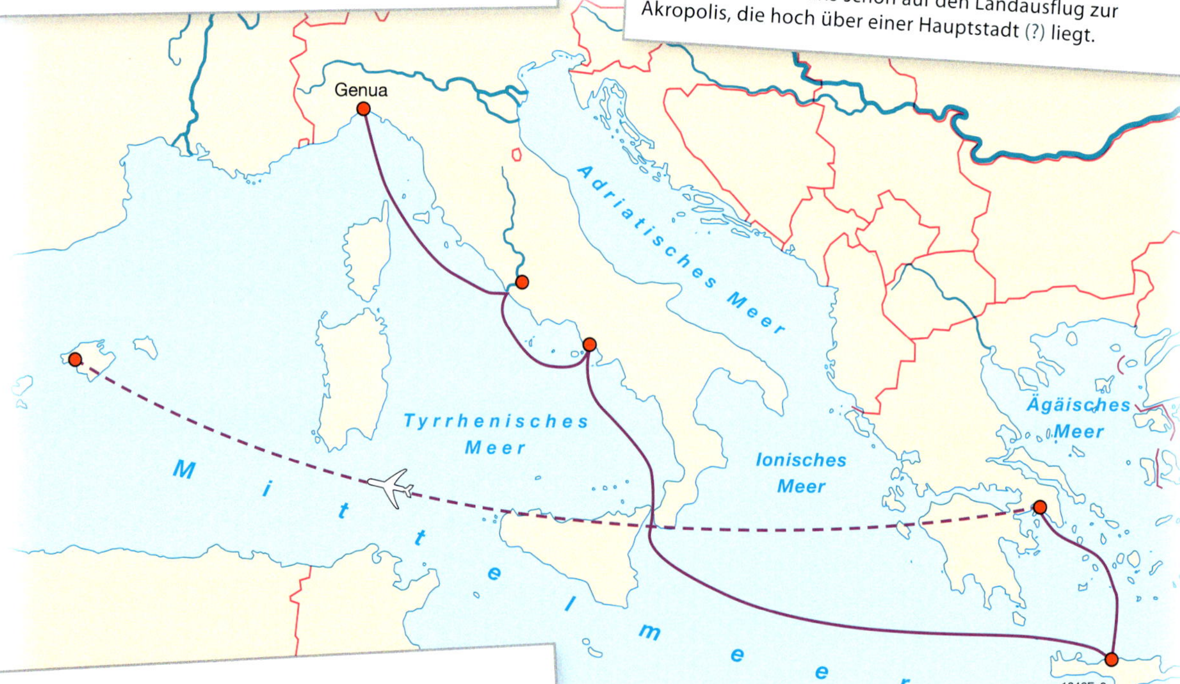

M1 Reiseverlauf der Kreuzfahrt

9. bis 16. Tag:
Am Abend fliegen wir auf die Insel (?). Wir freuen uns auf eine Woche Badeurlaub.

M2 Kathedrale in Palma de Mallorca

M3 Hotelanlage auf Mallorca

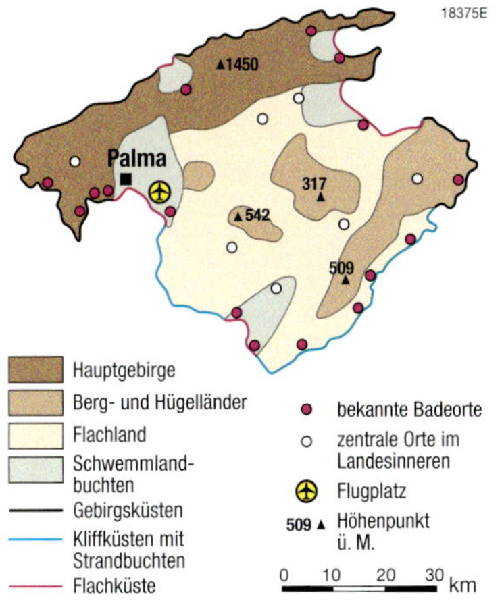

M4 Mallorca, die größte Insel der Balearen (spanische Inselgruppe im Mittelmeer)

Mallorca – eine beliebte Ferieninsel

Nach unserer Ankunft auf dem Flughafen von Palma de Mallorca bringt uns ein Bus direkt in unser Hotel. Am nächsten Morgen begrüßt die Reiseleiterin alle neu angekommenen Urlauber in der Hotelhalle.

Sie gibt uns einen Überblick über die Natur der Insel. Wir erfahren auch, was man in der Woche, außer am Strand zu liegen, alles noch erleben kann.

Im Reiseführer haben wir schon gelesen, dass der Tourismus auf der Insel zwischen 1950 und 1960 begonnen hat. Schon damals erfüllten sich viele deutsche Urlauber den Wunsch nach Sonne und Meer. Auch deshalb, weil Mallorca in nur zwei Stunden Direktflugzeit zu erreichen ist.

Julia, die Reiseleiterin, gibt uns weitere Informationen zur Insel: *„Mallorca ist die Hauptinsel der Balearen, die zu Spanien gehören. Die Insel hat nicht nur lange und belebte Strände, sondern auch viele landschaftlich schöne einsame Badebuchten. Zu finden sind auf Mallorca bewaldete Berge und eine subtropische Vegetation. Besonders schön ist es im Januar, wenn tausende Mandelbäume blühen. Das lebhafte Ferientreiben spielt sich an den Küsten ab. Im Inneren der Insel hat sich die typische spanische Lebensweise erhalten. Nutzen Sie unsere zahlreichen Angebote zum Erkunden der Insel."*

Aufgabe

1 **Begründe, weshalb Mallorca eine beliebte Ferieninsel ist.**

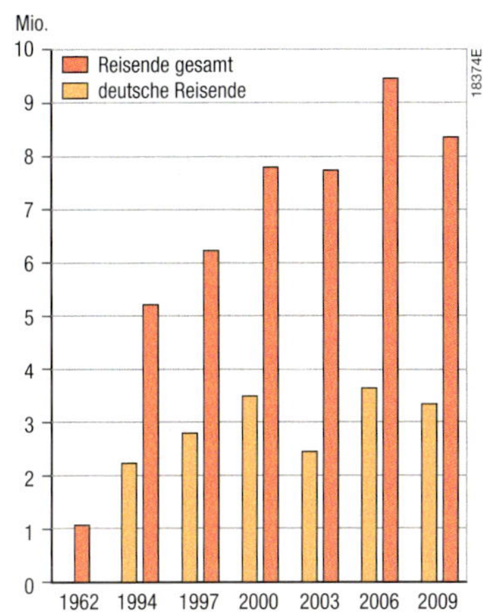

M5 Touristen auf Mallorca

In der subtropischen Zone

M1 Strand an der Küste Mallorcas 2010

Von Fischerdörfern zu Bettenburgen

Millionen von Urlaubern besuchen jährlich Mallorca. Um den Massentourismus bewältigen zu können, baute man sehr viele Hotels und Feriensiedlungen. Sie liegen überwiegend an den vielen Buchten der Insel. Aus verträumten Fischerdörfern wurden riesige Bettenburgen.

Die Orte sehen heute alle gleich aus. An der Bucht von Palma ist eine kilometerlange Hotelstadt entstanden. Von Illetas bis El Arenal dasselbe Bild: ein schmaler im Sommer völlig überfüllter Strand, dahinter Hotels. In Strandnähe sind sie meist mehrstöckig.

Die schmalen Straßen zum Strand sind gesäumt von Supermärkten, Kneipen, Restaurants und Autovermietungen. Alle Angebote sind in Deutsch oder Englisch zu lesen oder in Bildern dargestellt, damit die Gäste keine Sprachschwierigkeiten haben.

M2 Strand an der Küste Mallorcas 1955

Juan, Eisverkäufer

Carlos, Kellner im Hotel Playa

M3 Hotelsprengung auf Mallorca

M4 Demonstration gegen Umweltzerstörung durch Tourismus

Massentourismus schafft Probleme

Neben dem Wohlstand hat der Massentourismus auch Probleme für die Insulaner gebracht. Das größte ist die Wasserversorgung der Bevölkerung und der Hotelanlagen. Der tägliche Wasserbedarf eines Golfplatzes beträgt so viel wie der eines Ortes mit etwa 8 000 Einwohnern.

Schwierig ist auch die Entsorgung. Die vielen Gäste verursachen Berge von Müll, die nicht auf der Insel bleiben können. Außerdem fehlen Kläranlagen.

Maßnahmen zur Veränderung

Die Mallorquiner erkannten, dass sich die Einrichtungen des Massentourismus nicht weiter auf der Insel ausbreiten dürfen.

Seit 1988 muss jeder Neubau mindestens 100 Meter vom Meer entfernt errichtet werden. Billigquartiere sollen nicht mehr renoviert und schließlich abgerissen werden. Neubauten von Hotels erhalten nur noch die Genehmigung, wenn es sich um Vier- oder Fünf-Sterne-Anlagen handelt. Weite Teile der Insel wurden unter Naturschutz gestellt.

www.mallorca .de

M5 Vogelbeobachter im Naturpark Albufera auf Mallorca

Aufgaben

1. **„Von Fischerdörfern zu Bettenburgen". Erkläre die Überschrift auf Seite 100.**
2. **Mallorquiner spüren zunehmend die Nachteile des Massentourismus. Beschreibe, wie sie darauf reagieren.**
3. **Nenne Ziele, die eine „Hotel-Entrümpelung" auf Mallorca hat.**

Einfache Zusammenhänge herstellen

In der Natur hängt vieles zusammen.
Es besteht zum Beispiel ein Zusammenhang zwischen Oberflächengestalt, Klima und Vegetation, den du schon in Klasse 5 beschrieben hast.

Am Beispiel der subtropischen Zone sollst du den Zusammenhang zwischen Klima, Vegetation und landwirtschaftlicher Nutzung herstellen.

Aufgaben

1 **Stelle weitere Fragen zu Italien und beantworte diese.**

2 **Zeige am Beispiel deiner Heimatregion Zusammenhänge zwischen Klima, Vegetation und Nutzung durch den Menschen auf.**

So gehst du vor

1. Schritt: Wähle die Merkmale des Raumes aus, die du beschreiben möchtest.

2. Schritt: Beschreibe jedes Merkmal so genau wie möglich.

3. Schritt: Formuliere Fragen nach dem Warum.

4. Schritt: Suche die Antworten bei den anderen Merkmalen. Nutze Wörter wie darum, deshalb oder folglich.

5. Schritt: Veranschauliche die gefundenen Zusammenhänge durch unterschiedlich farbige Verbindungslinien.

Fragen und Antworten

Warum haben die Pflanzen tiefe Wurzeln, Blätter mit glatter Oberfläche oder dicke Rinden?
Die Sommer sind trocken und sehr warm, darum haben sich die Pflanzen mit verschiedenen Methoden an die Sommertrockenheit angepasst.

Warum müssen die Felder im Sommer bewässert werden?
Die Sommer sind trocken, aber sehr warm. Deshalb müssen die Anbauflächen in dieser Jahreszeit bewässert werden.

Warum werden Zitrusfrüchte, Oliven und Wein angebaut?
Wein hat tiefe Wurzeln, Oliven und Zitrusfrüchte haben Blätter mit ledriger Oberfläche. Folglich sind diese Anbaukulturen perfekt an die trockenen und sehr warmen Sommer angepasst.

M1 Schritte 3 und 4

Beispiel Italien

Klima
subtropische Klimazone:
feuchte, milde Winter
trockene, sehr warme Sommer

Vegetation
Hartlaubgewächse:
Pflanzen mit tiefen Wurzeln,
Blätter mit ledriger Oberfläche,
dicke Rinden (z. B. Korkeiche)

Landwirtschaftliche Nutzung
Anbau von Zitrusfrüchten,
Oliven und Wein
Bewässerungsfeldbau
2 bis 3 Ernten im Jahr

M2 Schritte 1, 2 und 5

Gewusst – gekonnt

ALLES KLAR

1 Löse das „Vulkanrätsel".

1 Gebirge im Osten Europas
2 Insel im Mittelmeer
3 Vulkan in Italien
4 Mündungsform

In der letzten Spalte steht der Fachbegriff für Gesteinsschmelze.

Arbeitsheft

2 Prima Klima

Ordne die Klimadiagramme den beiden Stationen London und Rom zu. Begründe deine Entscheidung.

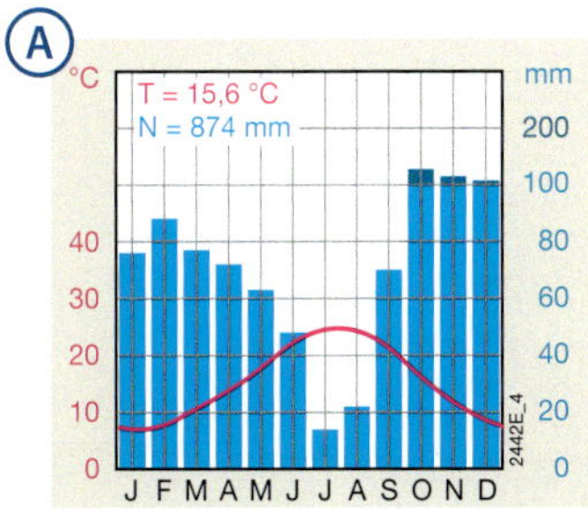

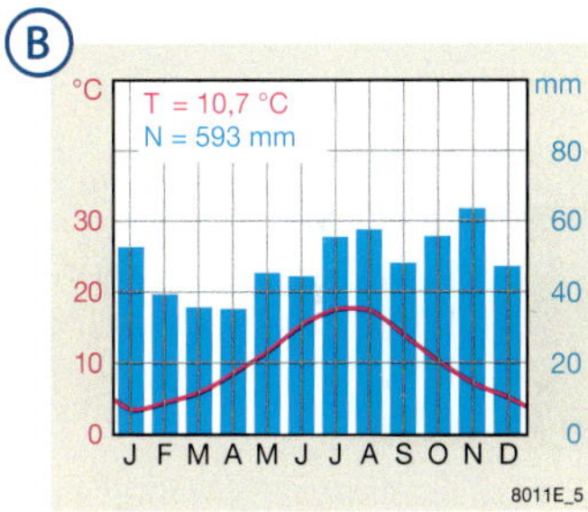

3 Suchrätsel

Je ein Begriff passt nicht in die Reihe. Finde ihn und begründe deine Antwort.
a) Ätna – Stromboli – Olymp – Vesuv
b) Island – Sizilien – Mallorca – Kreta
c) Weintraube – Olive – Stör – Zitrone

4 Silbenrätsel

Bilde zusammengesetzte Wörter:
Mittelmeer, Vulkan, Laub, Tourismus, Bewässerung, Klima, Massen, Feldbau, Schicht, hart

- die natürlichen Gegebenheiten in der subtropischen Zone beschreiben,
- einfache Zusammenhänge zwischen Klima, Vegetation und landwirtschaftlicher Nutzung herstellen,
- die Folgen des Massentourismus aufzeigen und Schutzmaßnahmen nennen.

Du kannst dabei folgende Fachbegriffe anwenden:
subtropische Zone, Zone der Hartlaubgewächse, Bewässerungsfeldbau, Vulkan

Ausgewählte Länder Europas

Republik Island

Fläche:	103 000 km²
Einwohner:	0,32 Mio.
Bevölkerungsdichte:	3,1 Einw./km²
Hauptstadt:	Reykjavik (0,12 Mio. Einw.)
Währung:	Isländische Krone

M1 Ausbruch des Eyjafjallajökull

Königreich der Niederlande

Fläche:	41 526 km²
Einwohner:	16,45 Mio.
Bevölkerungsdichte:	396 Einw./km²
Hauptstadt:	Amsterdam (0,77 Mio. Einw.)
Währung:	Euro

M2 Oosterschelde

Ein Land unter einer Fragestellung analysieren 106 METHODE

Republik Island 108

Königreich der Niederlande 112

Ungarn 116

Republik Polen 120

Ein Plakat anfertigen 124 METHODE

Gewusst – gekonnt 125 ALLES KLAR

Republik Ungarn

Fläche:	93 030 km²
Einwohner:	10,04 Mio.
Bevölkerungs-dichte:	108 Einw./km²
Hauptstadt:	Budapest (1,7 Mio. Einw.)
Währung:	Forint

M3 Fischerbastei in Budapest

Republik Polen

Fläche:	312 685 km²
Einwohner:	38,13 Mio.
Bevölkerungs-dichte:	122 Einw./km²
Hauptstadt:	Warschau (1,7 Mio. Einw.)
Währung:	Złoty

M4 Danzig

- ein ausgewähltes Land Europas unter einer Fragestellung analysieren,
- ein Plakat anfertigen.

Ein Land unter einer Fragestellung analysieren

Möglichkeiten der Materialbeschaffung

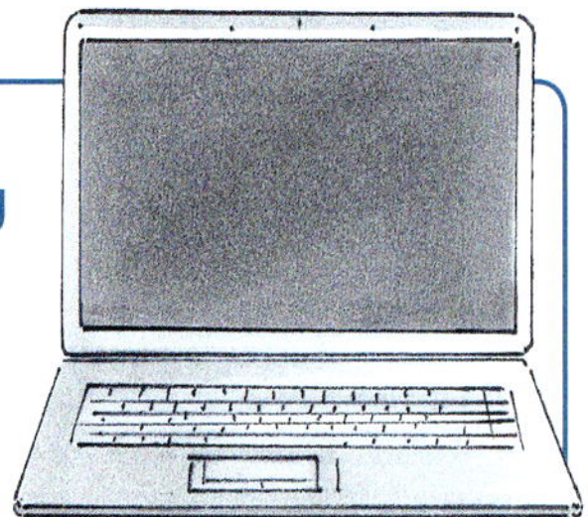

- Atlas
- Lexikon bzw. Länderlexikon
- Länder- und Reisemagazine
- Reiseführer
- Reiseprospekte, -kataloge und Videos aus dem Reisebüro
- Bücher aus der Bücherei
- Zeitungen, Zeitschriften
- Beiträge aus dem Fernsehen
- Internet

Ihr könnt auch die Botschaft des entsprechenden Landes anschreiben und euch Informationsmaterial schicken lassen. Adressen erhaltet ihr über das *Presse- und Informationsamt der Bundesregierung, Dorotheenstraße 84, 10117 Berlin.*

Wie du mehr über ein Land erfahren kannst

Wenn du ein Land analysieren willst, benötigst du Informationen über die Lage des Landes, seine Natur und Bevölkerung, über städtische und ländliche Siedlungen, das Verkehrsnetz und seine geschichtlichen sowie kulturellen Merkmale (M2, S.107).

Um bei der Fülle an Informationen nicht den Überblick zu verlieren, ist es sinnvoll, wenn du die Analyse unter einer Fragestellung durchführst.

Wichtig ist dabei, welches Interesse du an dem Land hast. Es kann sich zum Beispiel auf die Natur, die Wirtschaft oder den Verkehr beziehen (vgl. Plakat auf Seite 124).

Am Ende der Analyse müssen alle Ergebnisse zusammengeführt und einfache Zusammenhänge hergestellt werden (vgl. S. 102).

Lage: Westeuropa
Fläche: 544 000 km²
Küste: Atlantik, Mittelmeer

M1 Beispiel: Frankreich unter der Lupe

www.kidsweb.de/schule/schulinh.htm

www.kindernetz.de/infonetz/europa/laendercheck

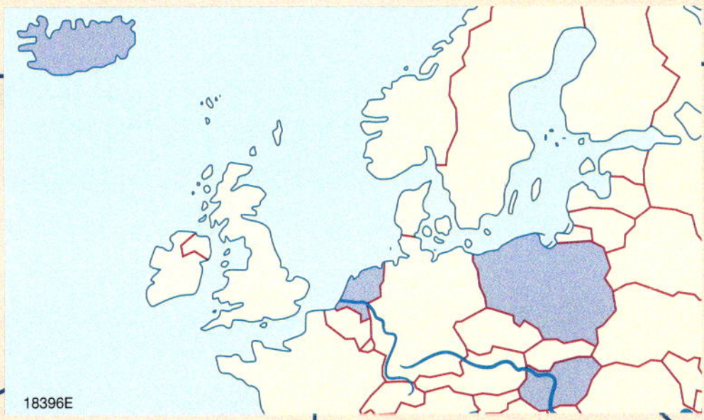

Lage
- in Europa
- in der Welt
- in den Klima- und Vegetationszonen

Geschichte und Kultur
- geschichtliche Entwicklung
- Sprachen, Lebensweisen, Traditionen
- Bauweise

Naturraum
- Klima und Vegetation
- Oberflächengestalt
- Gewässer
- Boden
- Tierwelt
- Bodenschätze

Wirtschaft und Verkehr
- Bergbau, Industrie
- Landwirtschaft
- Dienstleistungen
- Verkehrsnetz, Verkehrswege und -mittel

Bevölkerung und Siedlung
- Bevölkerungsverteilung
- städtische Verdichtungsräume, Metropolen
- ländliche Räume
- Leben in Städten und Dörfern

M2 Faktoren für die Analyse eines Landes

So gehst du vor

1. Analyse vorbereiten
- Land auswählen
- geographische Lage beschreiben
- Fragestellung formulieren, unter der das Land analysiert werden soll

2. Analyse des Landes durchführen
- Faktoren auswählen, zum Beispiel Oberflächengestalt, Klima, Vegetation und landwirtschaftliche Nutzung (M2), dabei Fragestellung beachten
- Materialien sichten und Informationen beschaffen (M1)
- Faktoren untersuchen

3. Ergebnisse darstellen und präsentieren
- einfache Zusammenhänge zwischen Faktoren herstellen, zum Beispiel zwischen Relief und Klima oder Klima, Vegetation und landwirtschaftlicher Nutzung
- Präsentation erarbeiten und vorstellen

Aufgabe

1 Analysiere ein Land unter einer Fragestellung, zum Beispiel

Island:
Wie beeinflussen die natürlichen Verhältnisse das Leben und Wirtschaften der Isländer?

Niederlande:
Warum heißt es, die Niederländer leben vom und mit dem Meer?

Arbeitsheft

Republik Island

Island – Insel aus Feuer und Eis

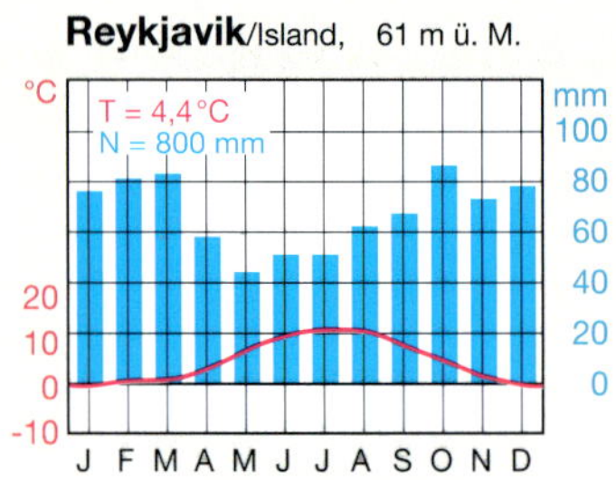

M1 Klimadiagramm Reykjavik

Island ist das am dünnsten besiedelte Land Europas. Auf der ungefähr 103 000 km² großen Insel (dies entspricht der Fläche der fünf neuen Bundesländer) leben nur etwa 300 000 Menschen. Nur ein Prozent der Fläche kann genutzt werden. Warum?

Feuerinsel

Auf Island hat es bis heute etwa 150 Vulkanausbrüche gegeben. Die Insel zählt zu den aktivsten Vulkangebieten der Erde, weil sie sich auf der Nahtstelle zweier Erdkrustenplatten befindet. Diese bewegen sich im Jahr etwa zwei Zentimeter in jede Richtung auseinander.
An den Nahtstellen quillt Lava an die Oberfläche. Es können neue Inseln entstehen (M2).

Auf Island zischt und pfeift es allerorts. Heißer Dampf kommt aus der Erde heraus. In zahlreichen Löchern blubbert der Schlamm. Unter den über 700 heißen Quellen Islands gibt es auch etwa 30 Geysire, heiße Springquellen.

M2 Vulkaninsel Surtsey. Sie entstand 1963. Vulkanologen aus aller Welt strömten an die Südküste Islands, um die Geburt einer neuen Insel live mitzuerleben.

Info

Geysir

Geysire sind heiße Springquellen. Aus ihnen wird in regelmäßigen Zeitabständen explosionsartig eine Wasserfontäne mehrere Meter hoch emporgeschleudert.
Geysire kommen nur auf vulkanischem Boden vor. Die meisten sind auf Island, Neuseeland und im Yellowstone-Nationalpark der USA tätig.

Aktive Vulkane

Der Vulkan Hekla liegt ca. 110 Kilometer östlich der Hauptstadt Reykjavik. Mindestens einmal in zehn Jahren wacht er auf. Seine Ausbrüche sind meist gewaltig. Vor etwa 3 000 Jahren bedeckte er mit seiner Asche fast 80 Prozent der Gesamtfläche Islands.

Im April 2010 brach nach 200 Jahren der Eyjafjallajökkul aus (vgl. S.104). Eine riesige Lavaaschewolke breitete sich aus. Dadurch wurde zeitweise fast der gesamte europäische Flugverkehr lahmgelegt.

M3 Der Vulkan Hekla

Eisinsel

So wie Skandinavien war Island während der Eiszeit von einem dicken Eispanzer bedeckt. Noch heute ist ein Zehntel der Landesfläche vergletschert.

Europas größter Gletscher, der Vatnajökull, befindet sich auf Island. Von seinen drei Gletscherzungen brechen immer wieder Eisberge ab.

Sie sammeln sich in Seen und schmelzen langsam ab (M4). Den Gletschern entspringen auch zahlreiche wasserreiche Flüsse. Die Wassermassen eines solchen Gletscherflusses stürzen am Dettifoss, dem gewaltigsten Wasserfall Europas, mit lautem Getöse in die Tiefe. Darüber liegt ständig ein dichter Wasserschleier.

Aufgaben

1 **Eine Reise nach Island wird meist in den Monaten Juni/Juli angetreten. Warum?**

2 **Islands Fläche wird allmählich immer größer. Erkläre.**

Vulkanfeuer gegen Gletschereis

Feuer und Eis existieren in Island keineswegs nur nebeneinander. Unter dem Vatnajökull befinden sich die aktivsten Vulkane der Insel mit einem gewaltigen Netz aus Schloten, Kratern und unterirdischen Magmenkanälen.
Wenn die Vulkane ausbrechen, strömt Magma aus der Tiefe in die großen Magmenkammern unter dem Eis. Eis schmilzt durch die Wärme und unter dem Gletscher bildet sich ein riesiger See. Schließlich schießt das Wasser hervor und überflutet die vor dem Vatnajökull liegende Ebene. Der Gletscherlauf, auch Jökulhlaup genannt, hinterlässt dann eine Spur der Verwüstung.

(Nach: Verborgenes Feuer unter Eis. www.scinexx.de vom 13.04.2001)

www.iceland.de

M5 Dettifoss – gewaltigster Wasserfall Europas

M4 Vatnajökull mit Gletschersee

M1 Erdwärmekraftwerk

M2 Baden im heißen Wasser der „Blauen Lagune"

Aufgaben

1 **Island – eine Insel voller umweltfreundlicher Energien. Welche sind es und wie werden sie wirtschaftlich genutzt?**

2 **Nenne umweltfreundliche Energien, die wir in Deutschland nutzen.**

3 **Fisch ist ein Hauptnahrungsmittel und Hauptexportprodukt der Isländer. Begründe.**

Umweltfreundliche Energiegewinnung

Island ist arm an Bodenschätzen. Die natürlichen Bedingungen bieten aber viele Möglichkeiten zur Energiegewinnung. Neben den wasserreichen Flüssen wird vor allem die Erdwärme genutzt. Damit bringt der Vulkanismus nicht nur Gefahren für das Leben der Menschen, sondern auch große Vorteile.

Heute gibt es auf Island kaum eine Siedlung, die nicht umweltfreundliche Energie aus heißen Quellen und Erdwärme erhält. Auf diese Weise werden Wohnhäuser, Schwimmbäder und Gewächshäuser beheizt.

Auch die Hauptstadt Reykjavik versorgt sich mit warmem Wasser aus den vulkanischen Tiefen unter der Stadt. Warmwasserstationen befinden sich im ganzen Stadtgebiet, auch entlang der Hauptgeschäftsstraße.

Über der Bucht liegen ständig Dampfschwaden, die sich über den heißen Quellen bilden. Die Luft ist in Reykjavik (übersetzt „rauchende Bucht") allerdings nur gering verschmutzt. Für die Isländer sind die heißen Quellen eine Möglichkeit zum Baden. In der „Blauen Lagune", einem Heißwasserbecken, ist dies das ganze Jahr über möglich (M2).

Gewächshäuser – die „kleinen Gärten" Islands

Kurz und kühl sind die Sommer auf Island. Sie dauern nur von Juni bis Anfang September. In dieser kurzen Zeit können Obst und Gemüse nicht im Freien gedeihen. Deshalb werden Tomaten, Gurken und auch Blumen in Treibhäusern angebaut.

Unweit der Hauptstadt Reykjavik befindet sich das größte Gartenbauzentrum der Insel. Von hier werden insbesondere die Bewohner der Stadt versorgt. Immerhin leben in Reykjavik zwei Drittel der Bevölkerung des Landes.

M3 Gewächshäuser

M4 Fischverarbeitung

Aufgabe

4 Blumen und Gemüse wachsen auch knapp südlich des nördlichen Polarkreises. Baden im Freien kann man zu jeder Jahreszeit. Wodurch wird das möglich?

Fisch – wichtige Lebensgrundlage

Vor Island trifft eine warme Meeresströmung auf kältere Gewässer aus der Arktis. Unter diesen Bedingungen entstehen ideale Lebensbedingungen für Fische. Gefangen und verarbeitet werden vor allem Kabeljau, Rotbarsch, Seelachs und Hering. Tiefgefroren oder als Konserven wird Fisch in viele Länder der Erde exportiert.

An den Fjordküsten im Norden kannst du schon von weitem große Holzgerüste sehen. Beim Näherkommen riechst du es auch: Tausende Fische hängen hier zum Trocknen. Stock- oder Schellfisch nennen die Isländer den etwa drei Monate an der Meeresluft getrockneten Fisch. Er wird mit dem Hammer weich geklopft und roh mit etwas Butter verzehrt.

M5 Stockfisch beim Trocknen

Königreich der Niederlande

Niederlande im Überblick

M1 Niederlande – Land unter dem Meeresspiegel

Das Königreich der Niederlande ist eines der am dichtesten besiedelten Länder Europas. Die meisten Menschen leben im Westen in den Provinzen Nord- und Südholland. Diese beiden Provinzen mit der Hauptstadt Amsterdam, dem Regierungssitz Den Haag und dem Welthafen Rotterdam sind das politische, kulturelle und wirtschaftliche Zentrum des Landes.

Wie der Name sagt, sind die Niederlande ein flaches Land. Rund ein Viertel liegt niedriger als der Meeresspiegel (M1). Auch wer auf dem Amsterdamer Flughafen Schiphol („Schiffshölle") landet, betritt ein Gebiet, das Anfang des letzten Jahrhunderts noch etwa 1,50 Meter unter Wasser stand.

Die Niederländer rangen dem Meer im Laufe der Jahrhunderte viel Land ab (vgl. S. 113). Deiche mit einer Länge von 3 000 Kilometern und riesige Sperranlagen schützen dieses Neuland vor Überflutungen.

Im Osten und Süden liegen die Gebiete knapp über dem Meeresspiegel. Sie sind die Fortsetzung des Norddeutschen Tieflandes und wie dieses während der Eiszeiten entstanden.

Die Niederlande liegen in der gemäßigten Klimazone. Das Thermometer sinkt im Winter selten unter den Gefrierpunkt. Der größte Fluss ist der Rhein (Rijn). Bevor er in die Nordsee mündet, verzweigt er sich in ein breites Delta.

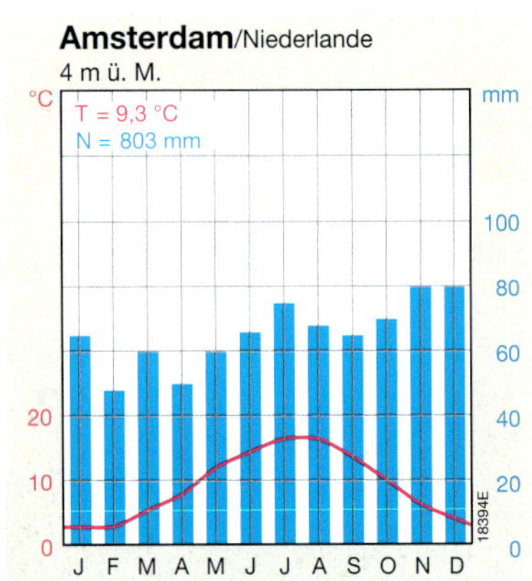

M2 Klimadiagramm Amsterdam

Aufgaben

1 **Erläutere die Bezeichnung Niederlande.**

2 **Beschreibe die Mündung des Rheins in die Nordsee.**

Amsterdam – „Venedig des Nordens"

Die Stadt ist auf morastigem Untergrund gebaut. Häuser und Mauern werden von mehreren Millionen Holzpfählen gestützt. Diese müssen ständig unter Wasser gehalten werden, damit sie nicht verfaulen. Rund 160 Wasserarme, Grachten genannt, durchziehen die Metropole. Deshalb wird Amsterdam auch als „Venedig des Nordens" bezeichnet.
Die Altstadt lässt sich mühelos zu Fuß, mit dem Kanalbus oder dem Fahrrad, dem wichtigsten Verkehrsmittel der Amsterdamer, erkunden.

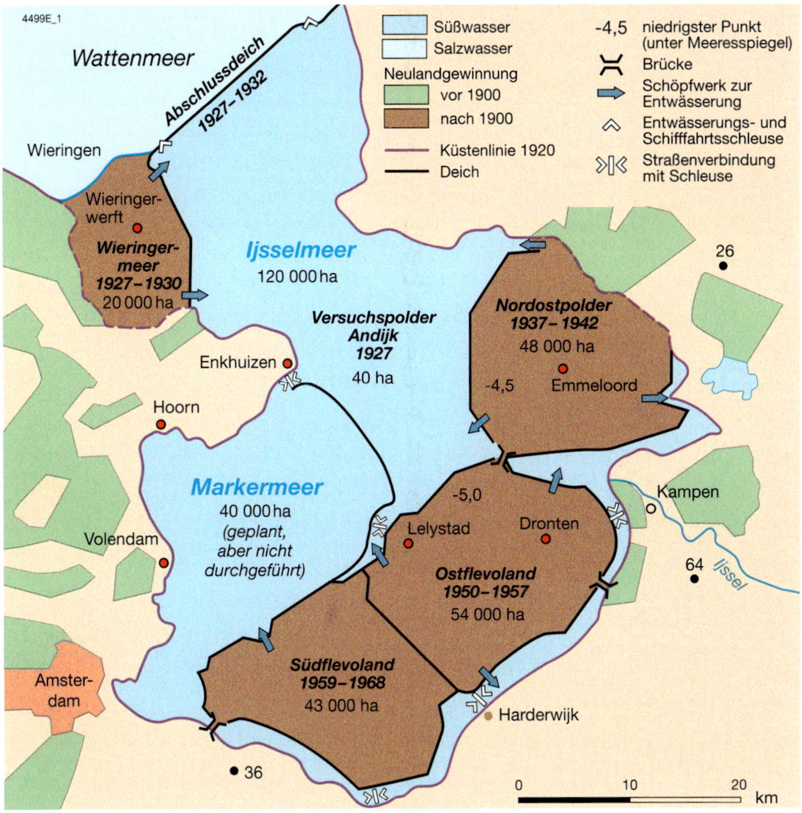

M3 Landgewinnung in den Niederlanden

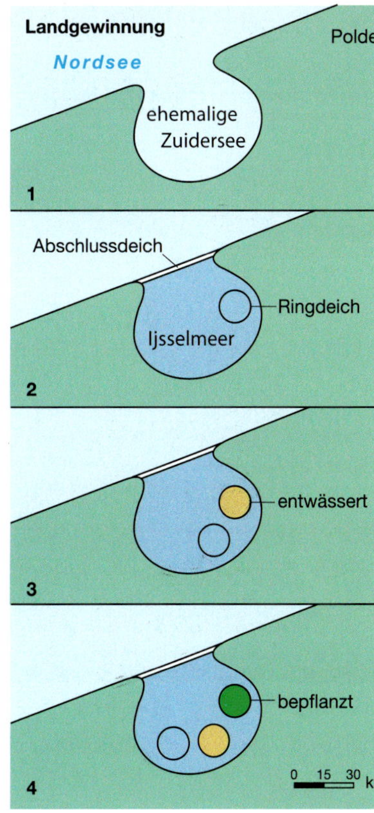

M4 Schema der Landgewinnung

Vier Meter unter dem Meeresspiegel

Henk ist mit seinen Eltern von Rotterdam nach Lelystad umgezogen. Sein Vater hat hier eine Arbeitsstelle in einer großen Pumpstation bekommen. Aus der traditionsreichen Großstadt Rotterdam kam Henk so in eine neu entstandene Stadt.

Ringsherum liegt flaches und endlos weites Land. Es fällt Henk schwer, sich einzuleben. Und der Gedanke, vier Meter unter dem Meeresspiegel zu leben, ist ihm ein wenig unheimlich.
Lelystad ist eine der Städte, die die Niederländer im Ijsselmeer gegründet haben.

Lelystad ist auf Neuland errichtet. Wie haben die Niederländer dem Meer Neuland abgerungen?

Zunächst musste die ehemalige Zuidersee mit einem riesigen Abschlussdeich von der Nordsee getrennt werden (M5).
In den Deich baute man große Entwässerungsschleusen ein. Durch Zuflüsse und Regenwasser entstand im Laufe der Zeit ein Süßwassersee, das Ijsselmeer. Nun konnte mit der Gewinnung von Neuland begonnen werden.

Zuerst wurden Ringdeiche mitten im Ijsselmeer gebaut. Wenn diese geschlossen waren, wurde das Wasser herausgepumpt und ein Netz von Entwässerungsgräben gezogen. Der ehemalige Meeresboden konnte nun bearbeitet werden. Da das Neuland unter dem Meeresspiegel liegt, müssen die Pumpstationen ständig arbeiten.

Aufgabe

3 Beschreibe die Gewinnung von Neuland aus dem Meer.

M5 Abschlussdeich

Landwirtschaft in den Niederlanden

M1 Tulpenzucht in Amsterdam

In Deutschland sind die bekanntesten Produkte aus den Niederlanden Schnittblumen wie Tulpen oder Nelken, Blumenzwiebeln, Gemüse sowie Butter und Käse. Die Niederlande gehören weltweit zu den wichtigen Exportländern dieser landwirtschaftlichen Produkte.

Bei der geringen Größe des Landes ist das nur möglich, weil die Landwirtschaft sehr produktiv und stark technisiert ist. Fast alle landwirtschaftlichen Betriebe haben sich entweder auf die Milcherzeugung oder auf Gemüse- und Blumenanbau in Gewächshäusern spezialisiert.

Aufgaben

1 **Erkunde in einem Supermarkt, welche Gemüsesorten aus den Niederlanden stammen.**

2 **Vergleiche den Gewächshausanbau mit dem in Spanien (S. 92/93).**

Anbau in „gläsernen Fabriken"

Bereits vor 150 Jahren errichteten holländische Bauern die ersten Glashäuser. Sie bestanden damals aus einfachen Glasplatten, die man gegen eine Mauer lehnte. Erst um 1900 wurden richtige Gewächshäuser gebaut, die zu beheizen waren.

Heute reihen sich vor allem im Westen der Niederlande Tausende von Glashäusern aneinander.
Etwa drei Viertel der Produktion der niederländischen Gewächshäuser werden exportiert, der größte Teil nach Deutschland.

In den vergangenen Jahren nahm die Anzahl der Betriebe ab. Das ist eine Folge der Konkurrenz südeuropäischer Landwirte. Diese können ihre Produkte billiger anbieten.
Einige niederländische Landwirte haben deshalb ihre Produktion bereits nach Spanien oder sogar nach Marokko verlagert.

M2 Hafen Rotterdam (Ausschnitt)

M3 Lage des Hafens Rotterdam-Europoort

Rotterdam – ein Zentrum des Welthandels

Rotterdam-Europoort ist der größte Hafen Europas. Mehr als 400 internationale Schifffahrtslinien laufen ihn regelmäßig an. Die Frachtschiffe sind mit Massengütern oder mit Stückgütern, die meist in Containern transportiert werden, beladen. Die Fracht wird entladen und zur weiteren Verarbeitung oder zum Verkauf in die Industriebetriebe Westeuropas gebracht.

In den letzten Jahren entstanden neue Hafenanlagen und Industriebetriebe zur Verarbeitung der angelieferten Rohstoffe.

Mit dem Ausbau des Hafens wurden gleichzeitig Autobahnen und Schienenwege gebaut und an das europäische Verkehrsnetz angeschlossen. Im Hinterland des Hafens liegen in einer Entfernung von weniger als 500 Kilometern die bedeutenden Industriegebiete Europas. Güter, die billiger auf dem Wasserweg transportiert werden können, werden von den Ozeanriesen auf Flussschiffe umgeladen. Über den Rhein, seine Nebenflüsse und Kanäle gelangen sie zu den Binnenhäfen.

Aufgaben

3 **Beurteile die Lage des Hafens Rotterdam-Europoort hinsichtlich der Verkehrsgunst (M3 und Atlas).**

4 **Ein Container aus Japan wird im Europoort auf ein Flussschiff umgeladen. Zielort des Containers ist Koblenz (Atlas). Beschreibe den Weg.**

Info

Steckbrief Europoort

- 35 000 Hochseeschiffe werden im Jahresdurchschnitt im Europoort be- und entladen.
- 130 000 Binnenschiffe laufen pro Jahr den Hafen an.
- Bis zu 300 Frachter, Schlepper, Feuerlöschboote, Baggerschiffe und Hochseejachten sind täglich im Hafen.
- 26 Radarstationen lotsen die Schiffe zu ihrem Liegeplatz in den Hafenanlagen. Mit an Bord ist immer ein Lotse.

Ungarn

Überblick über die Natur

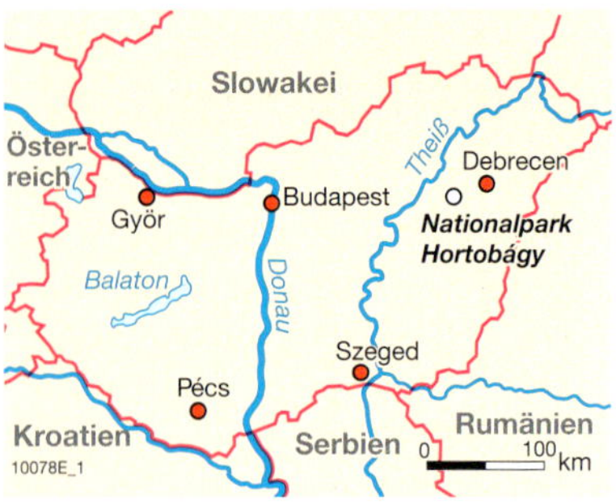

M1 Ungarn

Ungarn liegt im östlichen Teil Mitteleuropas. Aufgrund seiner Binnenlage und der Abschirmung durch die umgebenden Gebirge herrscht Kontinentalklima.

Besonders am Rand der Gebirge befinden sich über 1 200 Thermalquellen, aus denen jährlich fast eine Million Kubikmeter Wasser sprudelt.

Der größte Teil Ungarns ist flach. Nahezu die Hälfte der Landesfläche nimmt die Große Ungarische Tiefebene (Alföld) östlich der Donau ein.

Das Kleine Ungarische Tiefland (Kisaföld) breitet sich im Nordwesten um das Zentrum Györ aus. Es ist mit fruchtbarem Lössboden bedeckt.

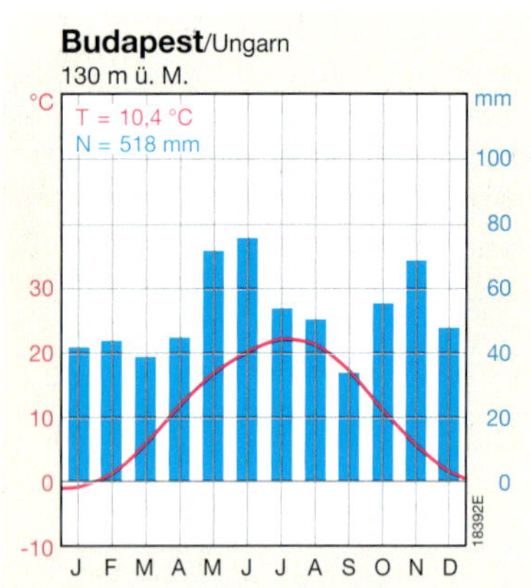

M2 Klimadiagramm Budapest

Blick auf das Parlament an der Donau

Budapest – „Perle an der Donau"

Budapest ist die Hauptstadt Ungarns und damit politisches, wirtschaftliches und kulturelles Zentrum des Landes.
Sie erstreckt sich 30 Kilometer entlang der Donau. Der Fluss teilt Budapest in die beiden Stadtteile Buda und Pest, die der Stadt ihren Namen gaben. Vom Gellertberg aus hat man einen herrlichen Panoramablick auf die Donaubrücken und das Parlamentsgebäude.
In Budapest sprudeln über 120 Thermalquellen. Schon die Römer und Türken errichteten verschiedene Heilbäder. Auch heute gehören die Thermalbäder zu den Sehenswürdigkeiten von Budapest.

Aufgaben

1. **Beschreibe die Lage Ungarns und seine natürlichen Bedingungen.**
2. **Erläutere, weshalb Budapest häufig als „Perle an der Donau" bezeichnet wird.**

Der Balaton – das „Ungarische Meer"

Der Balaton (auch Plattensee) zählt neben Budapest zu den Touristenmagneten Ungarns. Er ist der größte See Mittel- und Südosteuropas. Da Ungarn keinen Zugang zu den Weltmeeren hat, bezeichnen ihn die Bewohner auch liebevoll als „Ungarisches Meer".

Der Balaton (Plattensee)

Fläche:	600 km²
Länge:	78 km
Breite:	6 bis 14 km
Tiefe:	bis 11 m (Durchschnitt: 3 m)
Wassertemperatur im Sommer:	22 bis 28 °C

Aufgrund seiner Lage in einem Grabenbruch ist der Balaton lang gestreckt und schmal. Weit ragt in ihn die Halbinsel Tihany hinein. Sie teilt den See in zwei Teile.

Da der Balaton durchschnittlich nur drei Meter tief ist, erwärmt er sich sehr schnell. Er ist ein ideales Bade- und Wassersportgebiet.

Nicht nur der See selbst, sondern auch seine Umgebung bieten gute Erholungsmöglichkeiten. Das Nordufer wird begrenzt von Höhenzügen, die vulkanischen Ursprungs sind. Auf ihnen wird seit Jahrhunderten Wein und Obst angebaut. Tausende Touristen unternehmen jährlich Ausflüge in die Weinberge.

Info

Umweltprobleme am Balaton

Folgen der starken Nutzung

- weite Uferzonen sind verbaut
- Wasserqualität teilweise nicht befriedigend durch Einleitung von Abwässern
- Brutstätten von Vögeln in Gefahr

Aufgabe

3 Beschreibe den Balaton als Touristenmagnet.

M3 Am Balaton

In der Puszta

M1 Hirten am Ziehbrunnen in der Puszta

Die Puszta breitet sich in der Ungarischen Tiefebene zwischen Donau und Theiß und östlich davon aus. Die meisten Menschen denken dabei zunächst an ein weites Grasland mit vielen Viehherden. Ihre Hirten schwingen hoch zu Pferde die Peitsche und treiben die Tiere zu den Ziehbrunnen zum Tränken. Ihren Namen hat die Puszta aus dem Slawischen (Pustina = ödes Land). Sie ist aber nicht überall so.

So gibt es endlos erscheinende Weizen- und Maisfelder, die von Feldern mit Zuckerrüben, Sonnenblumen und Gemüse unterbrochen werden. Dafür war es notwendig, in der Puszta ein Netz von Kanälen und Stauseen zur Bewässerung der Felder zu schaffen. Denn hier herrscht vor allem im Sommer so große Trockenheit, dass die Luft vor Hitze flimmert und die Pflanzen verdorren. Im Winter dagegen wehen eisige Stürme über das Land.

M2 Steppenrinder in der Hortobágy

Wie sich die Puszta veränderte

Früher weideten hier Tausende rassige Pferde und langhörnige Steppenrinder. Abends saßen die Hirten um offene Feuerstellen. Aber bereits vor 200 Jahren wurde begonnen, die Puszta in ein Ackerbaugebiet umzuwandeln.
Wer heute noch die ursprüngliche Puszta erleben möchte, muss den Nationalpark Hortobágy besuchen (S. 116, M1). Er wurde in die Liste der UNESCO als Weltnaturerbe aufgenommen.
Hier sind Steppenrinder oder Wasserbüffel noch in freier Wildbahn zu sehen.

M3 Wasserbüffel

M4 Sonnenblumenfelder

Aufgaben

1 **Beschreibe die Lage der Puszta.**
2 **Erkläre, weshalb sie „ödes, verwüstetes Land" bedeutet.**
3 **Begründe die Notwendigkeit der Bewässerung.**

Industrie Ungarns

In Ungarn konzentrieren sich die Industriestandorte um die Hauptstadt Budapest und in den Grenzgebieten zu Österreich. An Rohstoffen ist das Land relativ arm. Ausnahmen sind Bauxit (daraus wird Aluminium gewonnen) und Manganerz.

Die bedeutendsten Industriezweige sind heute der Maschinen- und Fahrzeugbau und die Elektronik. Das größte ungarische Unternehmen ist der Mineralölkonzern MOL mit Sitz in Budapest.

Deutsche Automobilbauer haben seit 1992 Standorte in Ungarn errichtet. Audi zum Beispiel hatte zunächst in Györ, einer Stadt im Norden Ungarns, ein Motorenwerk gebaut.
Seit 1998 werden dort auch Audi-Modelle montiert. Die Rohkarosserien kommen aus Ingolstadt (Bayern) mit der Bahn zur Endmontage nach Györ. Zahlreiche Arbeitsplätze in Zulieferindustrien und Dienstleistungsunternehmen sind von Aufträgen der Autoindustrie abhängig.

Aufgaben

4 **Beschreibe die Lage der Industriestandorte in Ungarn und begründe sie (Atlas).**

5 **Erläutere, welche Vorteile die Erweiterung des Audi-Werkes für das Unternehmen und für die Stadt Györ hat.**

Audi-Produktion in Györ

Audi baut Standort in Ungarn aus

Deutschlands Autobauer verstärken ihre Produktionskapazitäten in Ungarn. Nachdem Opel den Ausbau seines Werkes in Szentgotthard um etwa 1000 Arbeitsplätze bekannt gegeben hat, legte Audi nach.
Der bayerische Hersteller will in Györ 900 Millionen Euro investieren und damit bis zum Jahre 2013 etwa 1800 Arbeitsplätze schaffen. Künftig wird Audi in Györ über die vollständige Produktionskette einschließlich Karosseriebau, Lackiererei und Montage verfügen.
Unterdessen läuft in Kecskemet der Bau des neuen Mercedes-Werkes auf Hochtouren.

(Nach: Balaton Zeitung vom 23.09.2010)

Info

Standortfaktoren für die Ansiedlung von Audi in Györ

- Bahn- und Eisenbahnanschluss
- vorhandene Erweiterungsflächen
- qualifizierte Arbeitskräfte
- keine Steuern bis 2008
- niedrigere Löhne als in Deutschland
- Entfernung zum Hauptwerk in Ingolstadt nur 600 Kilometer

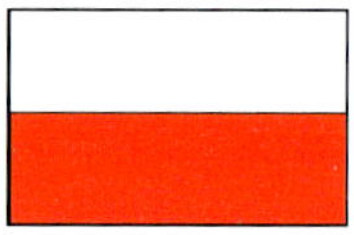

Republik Polen

Oberflächengestalt

M1 Paddeln in den Masuren

Der größte Teil Polens gehört zum europäischen Tiefland. Etwa drei Viertel des Landes liegen unterhalb von 200 Meter ü. M. Dieser Teil Polens wurde während der Eiszeiten geformt. Moränenlandschaften prägen das Land (M3).

Im Süden und Südwesten erheben sich die Mittelgebirge der Sudeten und Beskiden. Die Hohe Tatra ist Teil des Karpatenbogens und zählt zu den Hochgebirgen Europas. Bedeutende Flüsse sind die Weichsel, die Oder und die Warthe.

Klima und Vegetation

Das Klima Polens ist gemäßigt und wird nach Osten und Südosten zunehmend kontinentaler. Der durchschnittliche Niederschlag liegt in den zentralen Landesteilen bei 250 bis 500 Millimeter; in den übrigen Landesteilen bei 500 bis 750 Millimeter. Im Regenstau der Mittelgebirge und der Hohen Tatra steigt der Durchschnittswert auf 1500 bis 2 000 Millimeter an. Die Niederschläge fallen hauptsächlich im Sommer. Die natürliche Vegetation Polens setzt sich überwiegend aus sommergrünen Laubwäldern zusammen. Heute sind nur noch 28 Prozent des Landes mit Wald bedeckt. Darunter findet sich jedoch eine Besonderheit. Im Białowieski-Nationalpark im Osten des Landes erstreckt sich über eine Fläche von 1 500 km² der letzte Tiefland-Urwald Europas.

M2 Logo Białowieski-Nationalpark

M3 Gliederung des Naturraumes

Aufgaben

1 **Beschreibe die Entstehung der Oberflächenformen im Norden Polens. Vergleiche mit dem Norddeutschen Tiefland.**

2 **Vergleiche die Klimadiagramme von Warschau (S. 121) und Berlin (S. 22).**

M4 Familie Matulak bei der Feldbestellung

Aufgaben

3 **Beschreibe die natürlichen Grundlagen der polnischen Landwirtschaft:**
a) das Klima (Atlas, M5, M6),
b) die Böden (Atlas).

4 **Viele junge Leute verlassen ihre Dörfer. Warum?**

Landwirtschaft – kleine Höfe, wenige Maschinen

Die Familie Matulak betreibt einen kleinen Bauernhof in Koscielisko am Nordrand der Karpaten. Die Straße dorthin ist unbefestigt.

Herr Matulak hat Schwierigkeiten, denn sein Hof ist zu klein. Der väterliche Besitz wurde unter vier Geschwistern aufgeteilt. So blieben ihm nur wenige Hektar. Der Boden ist steinig und das Klima in der Region ist im Vergleich zu anderen Landesteilen kühler. Die Erträge sind daher geringer. Das wirkt sich auf das Familieneinkommen aus.

Die Probleme von Bauer Matulak sind typisch für viele polnische Bauern. Es gibt nur relativ wenige große landwirtschaftliche Betriebe, die mit moderner Technik arbeiten. Diese gehören meist mehreren Bauern gemeinsam, die sich zu einer Genossenschaft zusammengeschlossen haben.

Die meisten privaten Bauernhöfe sind sehr klein. Dabei liegen die einzelnen Feldstücke oft so weit auseinander, dass die Bauern für die An- und Abfahrt mehr Zeit benötigen als für die Feldbestellung selbst.

Wegen der kleinen Felder lohnt sich die Anschaffung von teuren Maschinen nicht. Die Erträge dieser Kleinbetriebe sind meist so gering, dass sich die Bauern den Kauf von teuren Düngemitteln oder besserem Saatgut nicht leisten können – ein Teufelskreis.

Die jungen Leute aus den Dörfern suchen sich lieber eine Arbeit in den großen Städten. Viele bäuerliche Kleinbetriebe mussten schließen. Durch die Landflucht wird der Anteil der alten Menschen auf dem Land immer größer.

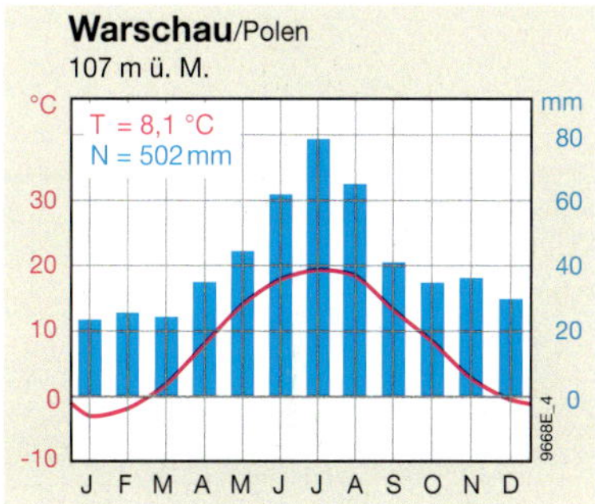

M5 Klimadiagramm Warschau

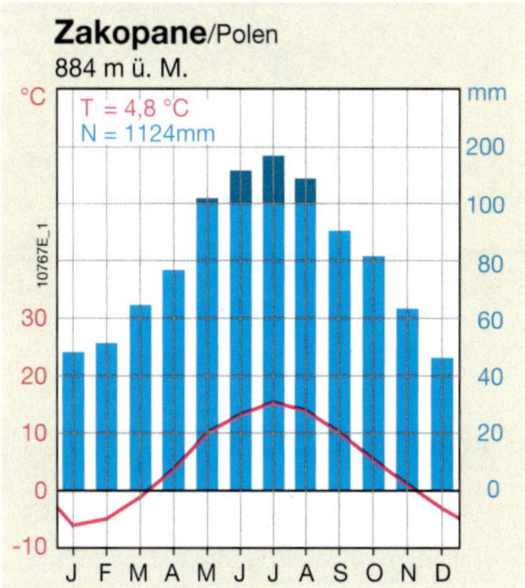

M6 Klimadiagramm Zakopane

M1 LKW-Stau an der polnisch-weißrussischen Grenze

M2 Die Entwicklung des Eisenbahnnetzes

Verkehr

Durch die zentrale Lage auf dem europäischen Kontinent besitzt Polen günstige Straßen-, Zug- und Flugverbindungen mit allen Nachbarländern. Mit einer Gesamtlänge von über 20 000 Kilometern hat das Land eines der verzweigtesten Eisenbahnnetze der Welt. Besonders dicht ist das Verkehrsnetz im westlichen Landesteil.

Im östlichen Landesteil dagegen beschränkt es sich auf die Verbindung der großen Städte und einige wichtige Transitlinien in die Nachbarländer im Osten.
Ein Vorteil dieser Strecken besteht darin, dass die Schienenbreite dem russischen Breitspurnetz entspricht, wodurch auch ein schnellerer und zuverlässiger Verkehr nach Osten möglich ist.

Aufgaben

1 **Polen ist ein wichtiges Transitland. Ermittle drei West-Ost-Achsen und zwei Nord-Süd-Achsen (Atlas).**

2 **Beschreibe das Schienen- und Straßennetz Polens und erkläre die Unterschiede.**

Reich an Bodenschätzen und Industrie

Polen ist reich mit Bodenschätzen ausgestattet. Es gibt in großen Mengen Steinkohle und Braunkohle, außerdem Kupfer und andere Metalle. An vielen Industriestandorten werden diese Bodenschätze gefördert und verarbeitet.

Allen voran steht das Oberschlesische Industrierevier (Górnośląski Okręg Przemysłowy, GOP). Daneben gibt es auch noch andere große Industriestandorte mit einer breiten Palette an Produkten wie Autos, Elektroartikel, Maschinen und Containerschiffen.

M4 Im Stahlwerk „Huta Katowice"

Oberschlesisches Industriegebiet (GOP)

Die Eisen- und Stahlindustrie hat im GOP eine lange Tradition. Eines der größten Stahlwerke Europas ist die „Huta Katowice" in Kattowitz.

Die wichtigsten Gründe für seine Ansiedlung waren die Nähe zu Kohlebergwerken, die verkehrsgünstige Lage zum Herantransport von Eisenerz aus Russland, die Nähe zur weiterverarbeitenden Industrie und die große Anzahl von Fachkräften in Oberschlesien.

Viele ausländische Firmen haben inzwischen erkannt, dass Polen ein günstiger Industriestandort sein kann. Firmen der Metall- und Autoindustrie wie Opel und VW errichten neue Werke im GOP oder sie beteiligen sich an schon bestehenden Firmen. Davon haben beide Seiten einen Nutzen. Für die polnische Seite bringt dies Steuern und Arbeitsplätze. Die ausländischen Firmen profitieren von niedrigeren Löhnen, dem Absatzmarkt und gut ausgebildeten Arbeitskräften.

M3 Ballungsgebiete in Polen

Aufgaben

3 **a) Nenne die Bodenschätze Polens (Atlas).**
b) Nenne die wichtigsten Industriezentren Polens (Atlas, mehr als drei Signaturen).

4 **Nenne Gründe für die Ansiedlung der Eisen- und Stahlindustrie im Oberschlesischen Industriegebiet (GOP). Vergleiche mit dem Ruhrgebiet.**

METHODE

Ein Plakat anfertigen

Ein Plakat ist eine Präsentationsform. Auf einem großen Papierbogen werden Ergebnisse mithilfe von kurzen einprägsamen Texten und Bildern veranschaulicht.

Oftmals sind auf einem Plakat Zusammenhänge durch Linien oder Pfeile kenntlich gemacht. Ein Plakat kann als Gedankenstütze bei einem Vortrag der Ergebnisse dienen.

So gehst du vor

1. **Botschaft formulieren**
   Lege fest, an wen sich das Plakat richten soll. Formuliere eine kurze, aber einprägsame Überschrift zum Thema (auch in Form einer Fragestellung).
2. **Vorarbeiten zur Gestaltung**
   Lege die Plakatgröße und das Format (Hoch- oder Querformat) fest. Fertige eine Skizze als Entwurf an.
3. **Material beschaffen und verarbeiten**
   Sammle Informationen und Bildmaterial zum Thema. Die Bilder und Kartenskizzen (auch selbst gezeichnet) sollten möglichst groß und aussagekräftig sein. Die Farben, die du auswählst, müssen zum Inhalt passen. Die Texte bestehen nur aus Stichworten und müssen noch aus 2 bis 3 Metern Entfernung lesbar sein.
4. **Plakat fertigstellen**
   Ordne das Material übersichtlich auf dem Papierbogen an. Nachdem du deinen Entwurf nochmals überdacht hast, klebe die Materialien auf. Mache Zusammenhänge durch Verbindungslinien oder Pfeile deutlich.

Aufgaben

1 **Verfolge die Anwendung der Schrittfolge zur Anfertigung eines Plakats durch Jonas (M1).**

2 **Fertige selbst ein Plakat zu dem Land an, das du mithilfe der vorherigen Lehrbuchseiten analysiert hast. Nutze die Schrittfolge und deine vorhandenen Arbeitsergebnisse. Präsentiere dein Plakat.**

M1 Jonas bei seinem Vortrag zum Naturraum von Island

- Jonas hatte die Aufgabe, einen Vortrag zu den Besonderheiten des Naturraumes von Island zu halten. Ein Plakat half ihm bei der Präsentation.
- Die Überschrift seines Plakates lautet „Island – Feuer und Eis".
- Er wählte die Farben blau (Meer), weiß (Eis), rot (Vulkane) und braun (Festland).
- Seine Erkenntnisse strukturierte er unter den Stichpunkten Feuer (links) und Eis (rechts), denen er jeweils Fotos zuordnete.
- Zwei Kartenskizzen haben bei der Orientierung geholfen.

Gewusst – gekonnt

ALLES KLAR

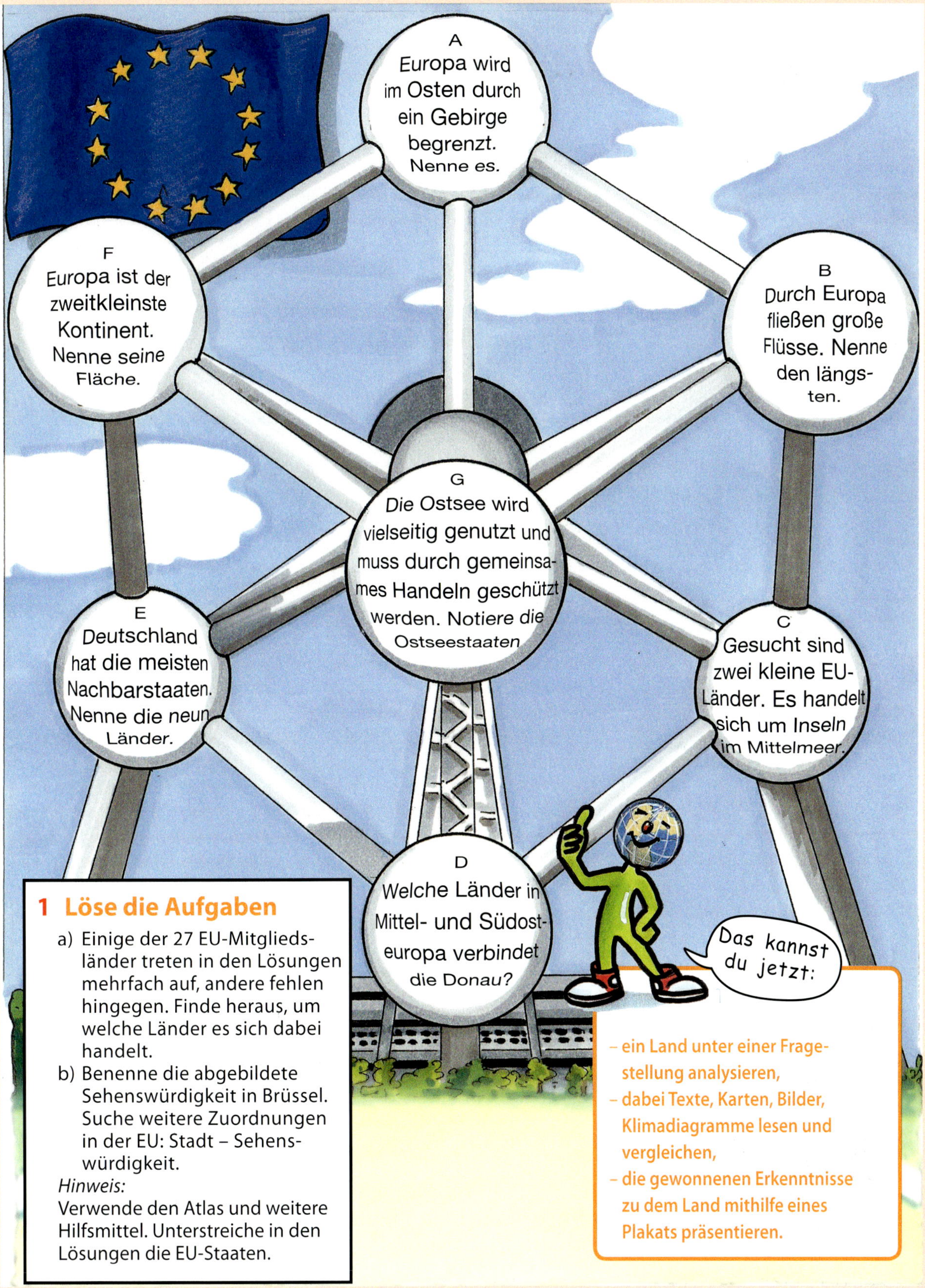

1 Löse die Aufgaben

a) Einige der 27 EU-Mitgliedsländer treten in den Lösungen mehrfach auf, andere fehlen hingegen. Finde heraus, um welche Länder es sich dabei handelt.

b) Benenne die abgebildete Sehenswürdigkeit in Brüssel. Suche weitere Zuordnungen in der EU: Stadt – Sehenswürdigkeit.

Hinweis:
Verwende den Atlas und weitere Hilfsmittel. Unterstreiche in den Lösungen die EU-Staaten.

- ein Land unter einer Fragestellung analysieren,
- dabei Texte, Karten, Bilder, Klimadiagramme lesen und vergleichen,
- die gewonnenen Erkenntnisse zu dem Land mithilfe eines Plakats präsentieren.

Minilexikon

Bevölkerungsdichte (Seite 71)
Durchschnittliche Zahl der Einwohner eines Raumes je Flächeneinheit. Sie wird meist als Zahl der Einwohner je Quadratkilometer angegeben.

Bewässerungsfeldbau (Seite 90)
Form des landwirtschaftlichen Anbaus in niederschlagsarmen Gebieten, bei der Wasser auf die Felder geleitet wird und die Pflanzen bewässert werden.

Deltamündung (Seite 17)
Mündungsgebiet eines Flusses mit mehreren Flussarmen, das sich durch ständige Ablagerungen ins Meer oder in einen See vorschiebt.

Eiszeitalter (Seite 28)
Das Eiszeitalter (auch Pleistozän genannt) begann vor etwa 2,5 Mio. Jahren und endete vor etwa 11 500 Jahren. Das Pleistozän war von starken Klimaschwankungen geprägt. In drei Kaltzeiten kühlte das Klima so stark ab, dass die Gletscher Skandinaviens bis in das heutige Deutschland vordrangen. Man spricht daher von Eiszeiten. Dabei veränderten die vordringenden Gletscher die Oberflächengestalt stark. Die Eiszeiten wurden durch Warmzeiten unterbrochen, in denen sich die Gletscher aus Mitteleuropa zurückzogen. Zur Zeit leben wir in einer Warmzeit.

Fjord (Seite 30)
Fjorde sind durch Gletscher geschaffene, lange und steile Täler. Durch einen Anstieg des Meeresspiegels wurden sie in der Warmzeit mit Wasser gefüllt.

gemäßigte Klimazone (Seite 22)
Klimazone der mittleren Breiten. Kennzeichen sind Jahreszeiten, d.h. Temperaturunterschiede zwischen Sommer und Winter, und Niederschläge, die verteilt über das ganze Jahr fallen. Früher war die gemäßigte Zone von Laub- und Mischwald bedeckt, heute wird sie vom Menschen intensiv genutzt.

Glaziale Serie (Seite 36)
Die glaziale Serie ist eine Abfolge von Oberflächenformen (Grund- und Endmoräne, Sander, Urstromtal), die während des Pleistozäns vom Inlandeis und seinen Schmelzwassern angelegt wurde.

Gletscher (Seite 28)
Gletscher sind kompakte Eispanzer. Sie entstehen durch die Verfestigung von Schnee zu Eis. Schneit es weiter, dann wächst die Last auf dem Gletscher. Die Gletscher geraten so in Bewegung. Die Eismasse des Gletschers übt einen derart hohen Druck auf den Untergrund aus, dass das Gestein abgetragen und damit verformt wird. Es gibt mehrere Typen von Gletschern, z. B. Talgletscher oder Plateaugletscher.

Hochgebirge (Seite 44)
Gebirge, das mit seiner Gipfelregion über die Schneegrenze hinausragt. Im Allgemeinen werden Gebirge mit alpinen Formen und über 2 000 m Höhe als Hochgebirge bezeichnet.

Kalkstein (Seite 46)
Dieses Gestein entstand auf dem Grund der Meere. Sterben Meeresbewohner wie Schnecken und Muscheln, dann sinken ihre Reste auf den Meeresgrund. Die aus Kalk bestehenden Schalen bleiben erhalten und verdichten sich zu einer Kalkschicht. Durch den Druck des Meereswasser wird das Gestein zusammengepresst. Es entsteht ein helles, festes, hartes Gestein. Oft kann man darin noch die Abdrücke von Meerestieren erkennen. Wird der Meeresboden später gehoben, befindet sich der Kalkstein schließlich an Land.

Klimazone (Seite 18)
Große Gebiete auf der Erde, die ein ähnliches Klima aufweisen. Die Klimazonen, wie zum Beispiel die gemäßigte Zone, ziehen sich wie Gürtel um die Erde.

Landklima (Seite 22)
Klima im Inneren der Kontinente (daher auch Kontinentalklima genannt), das durch warme Sommer und kalte Winter gekennzeichnet ist.

Massentourismus (Seite 56)
Massentourismus ist eine Form des Fremdenverkehrs, an der eine große Zahl von Menschen teilnimmt. Urlaubsziele sind z. B. die stark besuchten Badeorte am Mittelmeer. Der Begriff wird häufig abschätzig im Sinne einer Kritik an den Auswüchsen des Tourismus gebraucht.

Metropole (Seite 70)
Städtisches Zentrum und zugleich politischer und wirtschaftlicher Mittelpunkt eines Landes mit vielfältigem Warenangebot, Dienstleistungen und zahlreichen kulturellen Einrichtungen wie Theatern, Opernhäusern usw.

Polarkreis (Seite 34)
Die Polarkreise sind zwei Breitenkreise, die bei 66,5° N (nördlicher Polarkreis) und 66,5° S (südlicher Polarkreis) liegen. Polwärts von den Polarkreisen sind Polartag und Polarnacht zu beobachten.

Seeklima (Seite 22)
Ein Klima, das besonders durch die Einflüsse des Ozeans (des Meeres) bestimmt ist, nennt man Seeklima. Es ist gekennzeichnet durch milde Winter und kühle Sommer. Seeklima herrscht vor allem in Gebieten, die in der Nähe des Ozeans liegen, wie zum Beispiel die Südwestküste Großbritanniens.

Subtropische Zone (Seite 86)
Klimazone, die zwischen der gemäßigten Zone und der tropischen Zone liegt. Zu dieser Zone zählen der Mittelmeerraum und zum Teil die Wüsten um die Wendekreise.

Vegetationszone (Seite 18)
Vegetationszonen sind gürtelartig um die Erde verlaufende Räume, die sich durch eine bestimmte Pflanzenbedeckung auszeichnen. Die Pflanzen sind den Klimazonen angepasst. Es gibt folgende Vegetationszonen: polare Kältewüste, Tundra, nördlicher Nadelwald, sommergrüner Laub- und Mischwald, Steppe, Hartlaubgehölze, Wüste, Halbwüste, Savannen, tropischer Regenwald.

Vulkan (Seite 96)
Kegel- oder schildförmige Erhebung, die durch den Austritt von Material aus dem Erdinneren entsteht. Aufgrund der Zusammensetzung unterscheidet man Schichtvulkane, die aus verschiedenen Ablagerungen (zähflüssige Lava, Asche, Gesteinsbrocken) schichtweise aufgebaut sind, und Schildvulkane, die nur aus Ablagerungen dünnflüssiger Lava bestehen.

Zone der Hartlaubgehölze (Seite 87)
Diese Vegetationszone befindet sich in den Subtropen und ist geprägt von einer sommerlichen Trockenheit. Die Pflanzen dieser Vegetationszone haben sich daran angepasst. Meist haben sie kleine, feste und saftarme Blätter. Einige Pflanzen verhindern Wasserverdunstung, indem sie die Poren ihrer Blätter verschließen. Andere bilden ätherischen Öle, damit weniger Wasser aus den Blättern verdunstet.

adpic Bildagentur, Bonn: 91 M5 klein (H. Brauer); AEROfilm, Wien: 76 M li.; AIRBUS Operations GmbH, Hamburg: 4 li.o. und 60/61 M1; akg-images, Berlin: 9 M3 re.u.; Arend, Jörg, Wedel: 92 M3; argum, München: 56 M1 u.m. (Falk Heller), 111 M4; artur images, Stuttgart: 65 M3 li.u. (Peter Cook); Astrofoto, Sörth: Vorsatz hinten; Audi AG, Ingolstadt: 119; Behnke, Yvonne, Berlin : 16 M1 m.o.; Bialowieski Park Narodowy, Bialowieza: 120 M2; Bilderberg, Hamburg: 44 M3 (Blickle), 50 M3 (Nomi Baumgartl); Blickwinkel, Witten: 3 re.m. und 26 M1 (F. Herrmann); Blume Bild, Celle-Osterloh: 101 M5; Brandstetter, Johann, Winhöring/Kronsberg: 28 M2; Bricks, Wolfgang, Erfurt: 97 re. Bimsstein; Bräuer, Kerstin, Leipzig: 94 M1; CCC/www.c5.net, Pfaffenhofen: 53 M5 (Luis Murschetz); Christoph & Friends/Das Fotoarchiv, Essen: 16 M1 m.u. (Riedmiller); Cinzano, P./Falchi, F./Elvidge, C.D./Baugh, K., Padova : 70 M2 (2001); Colditz, Dietmar, Leipzig: 15.1; Colditz, Margit, Halle: 11 M5, 13 M4, 43.4, 95 M7, 109 M4, 111 M3; Comet Photoshopping, Zürich: 52 M2; Corbis, Düsseldorf: Titelbild Brücke (Sylvain Sonnet), Titelbild Jugendliche (A. Chederros/Onoky), 15.4 (Buddy Mays), 55 u. (David Stoecklein), 69 u. (Art on File/Jean Nouvel), 72 u.li. (Sandy Stockwell/London Aerial Photo Library), 73 M1 (zefa/Mekim), 110 M2 (Bo Zaunders); ddp images, Hamburg: 80 M1 (Norbert Millauer), 83 o. (AP); Demmrich, André, Berlin: 13 M3; Deutsche Bahn AG, Berlin: 81 M6 (Railteam); Deutscher Wetterdienst DWD, Offenbach: 20 M2; Dittrich, R., Braunschweig: 46 M2; DLR Deutsches Zentrum für Luft- und Raumfahrt, Weßling, OT Oberpfaffenhofen : 3 re.o. und 6/7 Sat. bild; Eagle Landing: 56 M1 u.li.; Eck, Thomas, Berlin: 37 M3 li.o., 99 M1; EnergieDienst, Rheinfelden (Baden): 51 M6; Epamarne, F- Marne la Vallée: 74 M1; Europa-Farbbildarchiv Waltraud Klammet, Ohlstadt: 115 M2; F1online, Frankfurt/M.: 31 M6 (Naturbild RM), 118 M3; Firma GlassBor s.r.o./Inh.: Vaclav Kuzelka, Prag: 68 M3; Focus Photo- u. Presseagentur, Hamburg: 17 M3, 122 M1 (Michael Peuckert); Fotoflug. de, Ennepetal: 44 M2; fotolia.com, New York: 13 M5 (c), 15.2 (LE image), 31 M5 (Jens Ottoson), 49 M3 (Svenni), 54 u. (Alexander Rochau), 73 u. (Marco Bonan), 76 M2 (Kalle Kolodziej), 87 M4 (Dietmar Hess), 94 M3 Cherimoya (ExQuisine), 94 M3 Mispel (Christian Jung), 94 M3 Physalis (Andre), 114 Tomate (yannick saint-andre); Fremdenverkehrsbüro Benidorm: 100 M2; Geiger, Folkwin, Merzhausen: 90 M1, 90 M3, 93 M5; Geopark Mecklenburgische Eiszeitlandschaft, Neubrandenburg: 39 Logo; Getty Images, München: 46 M1 (James P. Blair/National Geographic), 90 M2 (Jose Jordan/AFP), 96 u.re. (Cipollini); Griese, Dietmar, Laatzen: 92 M2; Gräning, Horst, Lubmin: 38 M3; Huber, Bildagentur, Garmisch-Partenkirchen: 10 M3 (Schmid), 3 re.u. und 27 M2 (Römmelt), 45 M6, 45 M8, 91 M5 groß, 97 M5, 116 u. (Gräfenhain); INTERFOTO, München: 76 M4 re.; iStockphoto, Calgary: 19 M3 Bild 3 (Trout55), 45 M7 (Bernhard Weber), 63.2 (Oleksiy Mark), 88 M3 (diamirstudio), 94 M3 Granatapfel (Georgy Markov), 105 M3 (Majoros Laszlo), 106 M1 li.o. (Dinamir Predov), 106 M1 li.u. (Jeremy Edwards), 110 M1 (Rhoberazzi), 112 u. (Sebastien Cote), 118 M2 (syrinx); Keystone, Zürich: 29 M3 (Olivier Maire); Kurverwaltung Garmisch-Partenkirchen: 54 M1, 55 M2; Kymi Paper Oy (UPM-Kymmene Fine Paper): 35 M4; laif, Köln: 20 M1 (Modrow), 63.1 (REA/Fanny Tondre), 97 re.u. (Luder/Eyedea/Rapho), 123 M4 (Geilert/GAFF); Landkreis Lüchow-Dannenberg, Lüchow (Wendland): 37 M3 re.u.; Lindau, Anne-Kathrin, Lieskau: 95 M4, 95 M5, 95 M6; LOOK-foto, München: 100 M1 (Jan Greune); Luftbildverlag Hans Bertram, Memmingerberg: 49 M4; Mader, Fritz, Barsbüttel: 114 M1; Maison de la France, Frankfurt/M.: 75 M3 re.o., 75 M3 re.u. (Bys); mauritius images, Mittenwald: 15.3 (Thonig), 19 M3 Bild 4 (Thonig), 43.1, 53 M6, 56 M1 o.re. (Zak), 56 M1 u.re. (Mallaun), 66 M2 (Alamy), 76 M3 (Pigneter), 4 li.u. und 84/85 M1 (Bridge), 86 M3 (imagebroker. net), 93 M6, 104 M2 (Alamy), 108 M3 (Trond Hillestad), 117 M3 (Alamy), 120 M1 (Janusz Pokorski); Mobile World Congress, Barcelona: 69 M5 (www.mobileworldcongress.com); Müller, Henry, Bernsdorf: 39 M4; NORDIS Picture-Pool, Essen: 34 u. (Udo Haafke); OKAPIA-Bildarchiv, Frankfurt/M.: 45 M5 (Dragesco), 111 M5; Outdoor Archiv, Hamburg: 50 M1 (Leo Himsl); Pause, M., Weyan: 48 M1; Peterhoff, Frank, Lenggries: 72 u.re.; picture-alliance, Frankfurt/M.: 9 M3 li.o. (dpa/Peter Steffen), 9 M3 li.u. (Bildagentur Huber/Römmelt), 9 M3 re.m. (dpa/RIA Nowosti), 9 M3 re.o. (dpa/lehtikuva/Jaakko Avikainen), 16 M1 li.o. (dpa/E. Hartmann), 17 M4 (dpa/Kurt Scholz), 19 M3 Bild 1 (RIA Nowosti), 41 li.u. (dpa /DB), 65 M3 li.o., 65 M3 re.o. (KPA), 65 M3 re.u. (Fotoreport BMW), 67 u., 74 li.o. (dpa/AFP), 77 M7 (AP), 81 M5 (dpa/epa Keystone/ Christian Hartmann), 87 M6 (Landov MCT), 87 M7 groß (Baumgart, F.), 89 M4 (dpa/ITAR-TASS/Matytsin Valery), 97 re.o. (akg-images/Alfio Garozzo), 101 M4 (dpa/epa efe Montserrat T Diez), 104 M1 (Abaca/E. De Malglaive), 106 M1 re.u. (dpa), 108 M2 (dpa/Politikens), 118 M1 (Scholz); Premium Stock Photography, Düsseldorf: 83 u.; Qimonda GmbH & Co.OHG, Dresden: 63.4; Regionalverband Ruhr - RVR, Essen: 43.3; Reinhard-Tierfoto, Heiligkreuzsteinach: 57 re.o.; Schapowalow, Bildagentur, Hamburg: 10 M2 (Huber), 63.3 (Robert Harding), 109 M5 (Robert Harding), 113 M5 (Huber); Schmidt, Ines, Spergau: 124 M1; Schönauer-Kornek, Sabine, Wolfenbüttel: alle Geofixe, 3/4/5 ff. alle Vignetten, 6/7 Illus, 8 M2, 12 M1, 23, 24 M1, 25, 29 Illus, 43 Illus, 59, 75 M3 Illus, 79 re.u., 98 Illus o. und u., 100 u.re., 103 alle Illus, 106 o., 107 u., 125; SkodaAuto Deutschland GmbH, Weiterstadt: 68 M1, 68 M2; Starke, Antje, Leipzig: 87 M5; Steffens Bildarchiv, Mainz: 77 M6; Stephan, Thomas, Munderkingen: 96 M2; Strohbach, Dietrich, Berlin: 37 M3 re.o., 5 o.re. und 105 M4; Superbild/Your Photo Today, Taufkirchen: 93 M4 (Raguet/Phanie), 99 M3 (Ducke), 118 M4; Thaler, Ulrich, Leipzig: 57 u.; TopicMedia Service, Ottobrunn: 40 M3 (Walz); Tourismusverein Lenzerheide-Valbella, CH-Lenzerheide: 56 M1 o.li., 56 M1 o.m.; transit - Fotografie und Archiv, Leipzig: 16 M1 re. (Tom Schulze); Trinkwasserversorgung Magdeburg GmbH, Magdeburg: 40 M2; Trobitzsch, Jörg, Buchholz: 19 M3 Bild 2; Tönnies, F., Laatzen: 95 M8; Tönnies, Uwe , Laatzen: 37 M3 li.u.; Ullrich, Gido/Luftbild und Flugservice, Strausberg: 41 M4; ullstein bild, Berlin: 11 M4 (CARO/ Muks), 16 M1 li.u. (Hartmann); vario images, Bonn: 92 M1; Visum Foto, Hamburg: 17 M2 (Woodfall), 91 M6 Foto (U. Kimmig), 121 M4 (Panos Pictures/Piotr Malecki); Wagner, Hanna, Woerth: 15.5; Waldeck, Winfried, Dannenberg: 69 M6; WaterFrame, München: 67 o. (Reinhard Dirscherl); White Star, R. Rabal, Hamburg: 101 M3; Wildlife Bildagentur, Hamburg: 87 M7 klein.

Weitere Autoren

Matthias Bahr, Kerstin Bräuer, Wilfried Büttner, Hans Dimpfl, Dieter Engelmann, Peter Gaffga, Häusler, Günter Herrmann, Holger Kerkhof, Hartmut Kowalke, Norma Kreuzberger, Wolfgang Latz, Anne-Kathrin Lindau, Hans Müller, Heidemarie Müller, Friedrich Pauly, Frank Prehl, Hans-Joachim Pröchtel, Bernd Raczowsky, Ines Rittemann, Gerhard Sasse, Thomas Seidl, Veronika Selbach, Ralf Tieke, Walter Weidner und Dorothea Wiktorin.